· 中小学生科学阅读文库 ·

远方的种子

《中小学生科学阅读文库》编写组　组编

南京师范大学出版社
NANJING NORMAL UNIVERSITY PRESS

图书在版编目（ＣＩＰ）数据

远方的种子 / 《中小学生科学阅读文库》编写组组
编. -- 南京 : 南京师范大学出版社，2012.6
　（中小学生科学阅读文库）
　ISBN 978-7-5651-0740-5

　Ⅰ．①远… Ⅱ．①中… Ⅲ．①自然科学－青年读物②
自然科学－少年读物 Ⅳ．N49

中国版本图书馆CIP数据核字(2012)第078324号

书　　名	远方的种子	
组　　编	《中小学生科学阅读文库》编写组	
责任编辑	匡　理	
出版发行	南京师范大学出版社	
地　　址	江苏省南京市宁海路122号(邮编210097)	
电　　话	(025)83598412 83598297 83598059(传真)	
网　　址	http://www.njnup.com	
电子信箱	nspzbb@163.com	
照　　排	南京凯建图文制作有限公司	
印　　刷	扬中市印刷有限公司	
开　　本	787毫米×960毫米　1/16	
印　　张	6.75	
字　　数	81千	
版　　次	2012年6月第1版　2014年12月第3次印刷	
书　　号	ISBN 978－7－5651－0740－5	
定　　价	13.00元	

出 版 人　彭志斌

科学是什么？

就科学的外延来看，有自然科学、社会科学和人文科学三大门类。这是广义上的科学，我们这里讲狭义上的科学，指自然科学。自然科学主要是以求取自然世界的"本真"为目的的。由此我们不难发现科学的价值在于"求真"——使我们尽可能地认识最客观的世界，不仅是表面的世界，而且是内在联系着的，具有各种规律的世界。进而可以推演出科学的另一个价值——改变和创造，人类可以根据正确的认识和内在的规律创造出先进的生产力。正是科学的发展，带来了日新月异的变化、翻天覆地的奇迹。千百年来，人们为科学的这种无与伦比的力量而震撼，为科学应用所创造的奇迹而惊讶，为隐身于世界内部的各种科学规律而吸引，为探究规律过程中的种种曲折而痴迷，为发现或者贴近规律而喜悦。

科学史研究之父萨顿在其所著《科学史和新人文主义》中文版序言中说："（人们）大多数只是从科学的物质成就上去理解科学，而忽视了科学在精神方面的作用。科学对人类的功能绝不只是能为人类带来物质上的利益，那只是它的副产品。科学最宝贵的价值不是这些，而是科学的精神，是一种崭新的思想意识，是人类精神文明中最宝贵的一部分……"萨顿告诉我们科学不仅仅是科学知识本身，在某种程度上，科学更重要的价值是科学思想、科学方法和科学精神。中国科学院院长路甬祥概括了科学精神的内涵，包括"理性求知精神、实证求真精神、质疑批判精神、开拓创新精神"等四个方面。事实就是这样，人不是知识的容器，他不可能掌握所有的知识、认识所有的真理，然而科学思想、科学方法和科学精神却能引领一个人一步步接近真理，而且能够使他正确地运用科学，使科学为人类造福，而不是走向反面。

这些综合起来就是当下社会所倡导的人的科学素养。科学素养不仅关系到公民个体生存发展的方方面面，还关系到一个民族、一个国家的未来。人民日报曾经发表过一篇社论，社论说："公众素养是科技发展的土壤。离开了这个群众基础，即使我们能够实现'上天入地'，也很难持续不断地推动创新。"提高公众的科学素养是我们当下较为紧迫的任务，而教育应该是完成这一任务最为主要的途径。欣喜的是，我们的教育已经关注到了这一点。新修订的《义务教育初中科学课程标准》明确指出："具备基本的科学素养是现代社会合格公民的必要条件，是学生终身发展的必备基础。科学素养包含多方面的内容，一般指了解必要的科学技术知识，掌握基本的科学方法，树立科学思想，崇尚科学精神，并具备一定的应用它们处理实际问题、参与公共事务的能力。"应该说，这是对科学素养的一种立体诠释。

问题在于我们的学校科学素养教育应该如何开展？仅凭学校开设的自然和科学，甚或数理化等课程是不够的，即便这些课程已经尽力关注并安排了科学思想和科学精神的内容，但限于课时、限于课程结构体系，无法让学生在完成课业目标的同时从科学认知走进科学情意，也无法让学生在学习知识方法的同时加强科学价值观的培养，学生甚至难以体会到科学精神在日常生活中的应用，更不用说在社会生活中的应用了。南京师范大学出版社推出的《中小学生科学阅读文库》当是一个有益的尝试——让学生在阅读中享受科学的乐趣，在潜移默化中感悟科学思想，在不知不觉中培养科学精神，当然，也在赏图悦读中学到科学知识。从这套读本的编排可以看到策划者以及作者对人文、科学和教育的理解与热忱、投入与功力。我相信，有了这样的读物，这样的尝试，一定会给科普工作打开一扇新的窗口，对素质教育也是一件非常有益之事。

我深深相信，一定会有更多的科学工作者、教育工作者、出版工作者联起手来，投身到科学素养教育的事业中来。

是为序。

江苏省科学技术协会副主席　冯少东

目 录
Contents

真理是严酷的，我喜欢这个严酷，它永不欺骗。

———泰戈尔

泰戈尔(Tagore, Rabindranath)，印度著名诗人、文学家、作家、哲学家，1913年获得诺贝尔文学奖。

1 把种子散播到远处

春天来了，温暖的阳光照绿了大地，和煦的春风吹开了百花。在这春暖花开的日子里，让我们一起来探索植物传播种子的奥秘吧！

风是无处不在的，地球上的风是种子旅行的"免费车"。借助风力散布的种子，一般细小而质轻，能悬浮在空中被风吹送到远处。有的种子表面常生有絮毛、果翅等，这些特殊的构造适合借助风力飞翔。比如我国南方

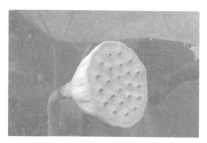

莲 蓬

的昭和草，它的种子上有一把小伞，风一吹，小伞就可以带着种子飘到很远的地方去安家；又如杨、柳树的种子，它们长着轻柔的绒毛，可以乘着五月的春风自由飞翔，飞到遥远的地方；再如松、槭、榆树的种子上长有小小的翅膀，借助风力，可以轻易地飞向四面八方。

在水中和沼泽地生长的植物，它们的种子往往借水力传送，如常见的莲蓬，其形状呈倒圆锥形，而且质轻，可以像一叶小舟飘浮于水面，随着水流漂到各处，同时也把种子远布各地。陆生植物中的椰子，它的果实更是有多重的功能，椰果的

蒲公英

中果皮十分疏松，富含纤维，很容易在水中飘浮；内果皮又极坚厚，可以保护种子免受海水的侵蚀；果实里还含有大量的椰汁，足以提供种子萌发时所需的营养和水分，这就使椰果能在咸水的环境中萌发。热带海岸有许多椰林分布，与椰果的这一特性是密不可分的。

燕 麦

椰 果

动物和人类也会帮助植物散布种子，有些植物的果实色彩鲜艳、香甜多汁，可吸引动物前来取食，借此散播种子。如鸟类或其他动物采食樱桃时会丢弃樱桃核，无意中为它做了种子传播的工作，万一樱桃被连皮带籽地吞下肚，樱桃坚硬的果核也能抵抗消化道中的强酸，保护种子全身而退；而人类在取食这些美味水果时，往往会把果核随手抛弃，无意之中也成了种子传播的"使者"。

大 豆

种子的另一类传播方式是通过自身的力量来完成的。我们常见的豆荚，当它成熟后，干燥而坚硬的果皮在似火骄阳的烘烤下，常常"啪"的一声爆裂，种子就会像飞出枪膛的子弹，被弹射到远处，所以大豆、油菜、芝麻等经济作物成熟后，一定要及时收获，不然，种子就会散布田间，使豆农遭受损失。最有趣的是麦田里生长的野燕麦的种子，它能够自

油菜荚

己"爬"进土中。野燕麦种子的外壳上长有一根长芒，会随着空气湿度的变化而发生旋转或伸直，种子就在长芒的不断伸曲中，一点一点地向前挪动，一旦碰到土壤缝隙就会钻进去，第二年便会生根发芽。当然，野燕麦种子"爬行"的速度相当缓慢，一昼夜只能前进1厘米，然而这种传播种子的本领已经达到了登峰造极的地步。

本文介绍了昭和草、杨柳等植物种子的传播途径。你能否发现种子散播的更多方式？做个记录吧：

植物名称	观察日期	种子形状	散播方式

2 植物也变色

在不同的季节，有些树木的叶子或茎会变成黄色、红色、紫色、橙色等不同的颜色，我们把这些树叫做彩色树。银杏树在秋天的时候能够呈现出金色，红枫的红色也能为我们展现出它热烈似火的一面。有一种叫红瑞木的彩色树，叶子

银杏树叶

虽绿，但枝条却呈微红色。大多数彩色树的颜色仅有火红、紫红、金黄和深蓝一种，但也有集很多色彩于一身的"混血儿"，其中尤以红栌最为典型。除冬季叶片凋落外，其他三季，红栌会上演三场风格迥异的"时装秀"：初春时，嫩红或紫红的叶片娇嫩欲滴；入夏后，树冠下部的叶片由红转绿，渐渐地，其枝条顶端还会冒出鲜红如絮的花朵，远远望去如烟似雾，美不胜收；待天气转凉，所有叶子恢复成红色，特别是秋霜过后，那红色会越发鲜艳，尽显成熟之美。

红枫叶

还有彩色草，你瞧，头顶银白色羽冠的矮蒲苇，远看好似低低的浮云在风中荡漾；盛开时呈浅粉色的狼尾草犹如一抹美丽的朝霞点缀

矮蒲苇

矮羊茅

在水边石旁；而貌似一簇簇嫩绿色蒲团的羊茅，会招来游人情不自禁的爱抚……这些彩色草以其颜色、形状与质感的出挑，成为各地景观设计师的最爱和诸多庭园造景的宠儿。它们耐旱、耐湿、耐热、抗病虫害，能适应各种温度变化，对肥力也"不讲究"；与此同时，它们也为园林景观增加了特有的"色相"、"动感"和"声音"，这些特点利于低投入的持续性园林景观的形成。而其中一些水生草，如水葱等，除了能点缀水面外，还能吸附水中杂质，净化水质。

那么，植物为什么会有不同的色彩呢？植物叶子有颜色，主要是因为体内存在大量叶绿体的缘故。叶绿体存在于植物的绿色薄壁组织细胞中。叶绿体主要含有四种色素：叶绿素α、叶绿素β、叶黄素及胡萝卜素。其中前两者为主要的光合色素，直接参与光合作用；后两者仅起吸收、传递光能的作用，而不能参与光合作用。

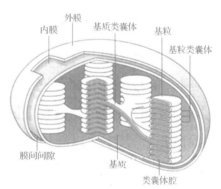

叶绿体的结构

由于不同植物中或在同一植物不同发育时期，细胞中所含四种色素的比例不断变化，因而，植物叶子在颜色上表现出深浅黄绿色的不同。花瓣、果实和叶片中有一种叫做"有色体"的质体，它所含色素主要是叶黄素和胡萝卜素，并因所含色素比例的不

美国红栌

同而呈现红色—黄色之间的色彩梯度的变化。另外，植物细胞中还存在一类叫做类黄酮的色素，它们主要分布于果实和花瓣内，最常见的就是花青素。花青素的颜色随细胞液pH值的变化而呈现不同的色彩。这些色素化合物成为操纵植物色彩的"魔术棒"，它们不同的排列组合使得植物的色彩变得斑斓无比，令人目不暇接。

大自然中树木的叶子五彩斑斓，这是什么原因呢？相信读了此文你会明白的。

3 美丽的代价

漫步于城市的街头，我们不难发现，造型美观、色彩华丽的玻璃幕墙正成为现代建筑行业的新宠，一座座玻璃大厦如雨后春笋拔地而起，为都市风采增色不少。但是不少大城市却明文规定：市区内的建筑物限制使用玻璃幕墙，这又是为什么呢？这是因为高大建筑物安装的玻璃幕墙，在阳光的照射下，反射出的光是森林、草地等植被反射的10倍，会使人目眩。专家研

高楼的玻璃幕墙

究表明，人们长期生活或工作在过量或不协调的光辐射下，会出现头晕目眩、失眠、心悸和情绪低落等神经衰弱症状。例如，城市中由灯光构成的夜景亮如白昼，由于这些人工光源是非全光谱的照射，会扰乱人们正常的生物钟规律，使人感到倦乏无力。而作为夜生活主要场所的歌舞厅中的光污染危害更是让人触目惊心，它会使长期在歌舞厅活动和工作的人的正常细胞衰亡，还会引发血压升高、体温起伏、心急燥热等各种不良症状。

特别光滑的白色墙面和洁白的

玻璃幕墙内外

书籍纸张的光反射系数高达90%，比草地、森林和毛面装饰物的要高出10倍左右，其光辐射也远远超过人体所能承受的限度，而且在这种不良的单一视觉环境里，人眼最需要的适度的光频率刺激，却并没有因为反射光强而得到补充，视觉功能反受到极大抑制，造成了双重危害。这不仅对人眼的角膜和虹膜造成伤害，同时也抑制视网膜感光细胞功能的发挥，造成视疲劳和视力下降。我国青少年的近视率高达60%，专家认为，视觉环境是形成近视的主要原因。

光污染除影响人体健康外，还会影响到我们周围的环境，过度的城市夜景照明甚至危害到正常的天文观测。专家估计，如果城市上空夜间的亮度每年以30%的速度递增，则会使天文台丧失正常的观测能力。这已成为困扰当今世界天文观测的一个难题。

目前，国外有许多企业在生产产品时，会考虑到产品对视觉的影响并采取相应的预防措施。有些国家的书籍已经开始采用米黄色的纸张，以免伤害视力。我国北京的许多建筑在设计时也开始考虑光污染的问题。我们看到，长安街两旁的建筑物就很少有鲜艳刺目的颜色，视觉上很舒服。

通过阅读这篇短文，你知道光污染有哪些危害了吗？想一想，在生活中如何减少光污染对我们的伤害？

4 蜗牛

蜗牛一般生活在比较潮湿，有植物丛可躲避太阳直晒，并且没有人干扰的地方。在杂木林、原生林等地区，可以发现比较多的蜗牛种类；在花圃或者花园的角落，也有机会发现蜗牛。在寒冷地区生活的蜗牛会冬眠，在热带生活的蜗牛旱季也会休眠，休眠时蜗牛分泌出的黏液形成一层钙质薄膜封闭壳口，全身藏在壳中，当气温和湿度合适时就会出来活动。

夏威夷蜗牛

一般来说，由于蜗牛需要利用碳酸钙来制造外壳，它们通常生活在富含石灰质的地区，较少生活在火山或者酸性土壤的地区。由蜗牛的生活环境可以把蜗牛分为地栖性和树栖性两种。地栖性蜗牛大部分都喜欢在地面活动，但少数亦会在树上活动；树栖性蜗牛一般都生活在树上或者植物上，它们的腹足可以伸展得很长，方便在树叶与树叶之间跨越。

蜗牛几乎分布在全世界各地，不同种类的蜗牛体形大小各异，非洲大蜗牛可长达21厘米，而在北方野生的种类一般只有不到0.9厘米。

蜗牛身上背着一个螺旋形的外壳，不同种类的蜗牛，外壳的形状、颜色、大小不一，有宝塔形、陀螺形、圆锥形、球形、烟斗形等等。只有当温度、湿度等合适时，蜗牛才将身子探出壳外活动。

蜗牛的头部有两对触角，后一对较长的触角顶端长着眼睛。蜗牛腹面扁平宽大的腹足用于缓慢运动，足下分泌黏液，可以降低摩擦力以帮助行走，黏液还可以防止蚂蚁等一般昆虫的侵害。

蜗牛是世界上牙齿最多的动物。在蜗牛的小触角中间往下一点的地方有一个小洞，这就是它的嘴巴，里面有一条锯齿状的舌头，科学家们称之为"齿舌"。虽然它的嘴巴和针尖差不多大小，但是却有大约25 600颗牙齿。

非洲大蜗牛

蜗牛怕盐，盐有渗析作用，当蜗牛遇到盐，体内水分会从盐分低的体内渗透到盐分高的体外。这会使蜗牛体内水分丢失脱水而死。

蜗牛的天敌很多，鸡、鸭、鸟、龟、蛇、刺猬都会以蜗牛作为食物，蜗牛最致命的天敌是萤火虫，萤火虫的成虫在蜗牛身体内产卵，幼虫蚕食蜗牛身体，而且萤火虫会喷射一种毒素使蜗牛麻痹后变成液状，然后慢慢享用。

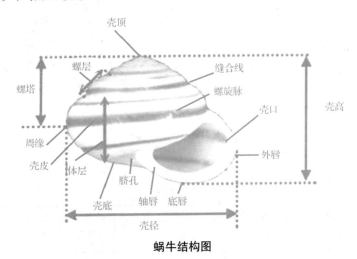

蜗牛结构图

由于蜗牛主要以植物为食，且特别喜欢吃农作物的细芽和嫩叶，所以野生的蜗牛对农作物危害较大。随着科学的发展，人们逐步发现蜗牛营养丰富，味道鲜美，是一种高档的营养滋补品，许多地方已经开始人工饲养蜗牛。

宝塔形、陀螺形、圆锥形、球形、烟斗形……真没有想到蜗牛光形状就有如此多，真是让人大开眼界呀！

5 指纹

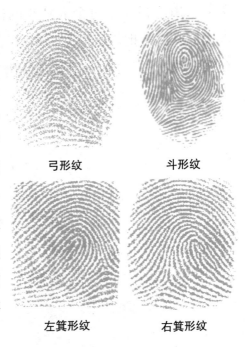

虽然人人都有指纹，但直到目前尚未发现有两个人的指纹是相同的，每个人的指纹都是独一无二的。伸出手，仔细观察，就可以发现小小的指纹也分好几种类型：有的纹线呈同心圆或螺旋状，看上去像水中漩涡，叫做斗形纹；有的纹线是一边开口的，像簸箕似的，叫做箕形纹；有的纹线像弓一样，叫做弓形纹。每个人的指纹除形状不同之外，纹线的多少、长短也不同。

弓形纹　　　　斗形纹

左箕形纹　　　右箕形纹

指纹在胎儿发育到第三四个月便开始产生，到六个月左右就形成了。当婴儿长大成人，指纹也只不过放大增粗，它的纹线是不变的。

你可别小看指纹，它的用途可大啦！指纹由皮肤上的许多小颗粒排列组成，这些小颗粒感觉非常敏锐，只要用手触摸物体，就会立即把感觉到的冷、热、软、硬等各种

指纹锁

"情报"通报给大脑这个"司令部"。指纹还具有增强皮肤摩擦的作用，使手指能紧紧地握住东西，不易滑落。我们平时画图、写字、拿工具、做手工，之所以能够得心应手，运用自如，这里面就有指纹的功劳。由于指纹是每个人独有的标记，在

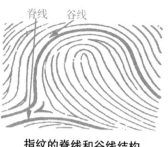

指纹的脊线和谷线结构

古代，人们常把指纹当做"图章"，印在文书上；近几百年来，罪犯在案发现场留下的指纹，常成为警方追捕疑犯的重要线索。

> 每一个人都有自己的指纹，我们也来当一回科学家，研究一下自己的和同伴的指纹，看看有什么不同。

远方的种子

6 轮胎的花纹

轮胎花纹的主要作用是增加轮胎与路面间的摩擦力，以防止车轮打滑，这与鞋底花纹的作用相同。但是，轮胎花纹的学问比起鞋底花纹来要深得多。

普通花纹轮胎　　　　　内　胎

大多数轿车、轻型和微型货车都采用纵向花纹轮胎，这种轮胎滚动阻力较小，散热性能好，噪音也较小，但花纹的沟槽易嵌入碎石子儿，因此适合在比较清洁、平整的硬路面上行驶。

牵引力比较大的中型和重型货车通常采用横向花纹轮胎，这种轮胎滚动时抓地力比较大，不容易打滑，适合在一般的硬路面上行驶。

拖拉机、挖掘机等通常采用"人"字形的越野花纹轮胎，这种轮胎的沟槽宽而深。在松软路面上行驶时，一部分土壤将嵌入花纹的沟槽之中，因此抓地力很大，适合在崎岖不平的道路、松软土路和无路地区使用。

混合花纹是介于普通花纹和越野花纹之间

外　胎　　　　　越野花纹轮胎

混合花纹轮胎

的一种过渡性花纹，这种轮胎的胎面中部具有方向各异或以纵向为主的窄花纹沟槽，而在两侧则是以方向各异或以横向为主的宽花纹沟槽。这样的花纹搭配使轮胎的综合性能好，适应能力强。

　　读了这篇文章，深深感到汽车轮胎花纹的学问很大。你是不是也有了研究各种汽车轮胎花纹的想法呢？

7 麻雀

麻雀是一种常见的鸟类。又名树麻雀、霍雀、嘉宾、瓦雀、琉雀、家雀、老家子、老家贼、照夜、麻谷、南麻雀、禾雀、宾雀、厝鸟、家巧儿。它的身体和小朋友的拳头差不多大，头和颈部有着较深的栗色短羽毛，背部栗色较浅，上面还有一些黑色条纹。它的嘴巴短短的，像一个小圆锥，脸上左右两边各有一块黑色大斑纹，初一看很像一对眼睛。

麻雀

麻雀常常栖息于居民点和田野附近，白天四处觅食，但一般飞不远，活动范围在2.5~3千米以内。在地面活动时，它们的双脚只能跳跃前进。麻雀非常喜欢群居，秋季时易形成数百只乃至数千只的大群，称为"雀泛"；而在冬季

麻雀

它们则多结成十几只或几十只一起活动的小群。麻雀非常聪明机警，有较强的记忆力。在麻雀集中居住的地方，当有其他鸟类入侵时，它们会表现得非常团结，直至将入侵的鸟赶走为止。麻雀在育雏时往往会表现得非常勇敢，俄国作家屠格涅夫曾在他的短篇小说《麻雀》中描述过一只亲鸟为保护不慎坠地的幼鸟以其弱小的身体面对一只大狗而不退缩的

感人场面。如果你愿意对麻雀进行连续观测，你会发现它们是非常可爱的小生命，特别是它们的集体行为是研究鸟类行为学的重要素材。

刚从蛋壳里出来的小麻雀全身裸露，一般15天以后羽翼逐渐丰满，能飞出去自己寻找食物。麻雀主要以谷物、草种为食，也捕食部分昆虫，并用昆虫喂养小麻雀，麻雀捕食的昆虫主要是一些危害农作物的害虫。事

罕见的白麻雀

实上在麻雀多的地区，害虫特别是鳞翅目害虫的数量明显要少于其他地区，这方面它们对农业生产作出了不小的贡献。当它们需要获

麻雀窝

得食物时，我们应当对这些大自然的生灵适当地慷慨一些。可惜的是由于过去我们在生态认识上的不全面，曾对它们进行过大规模的围剿，这不能不说是一种文明的遗憾。而对这些生命造成真正威胁的是大规模地使用农药和一些人恶劣的饮食消费心理，这使得麻雀大面积地减少，有些地区甚至到了绝种的程度。尊重动物，保护生命，麻雀已被列为江苏省省级保护动物、国家二级保护动物。

文章对麻雀的介绍真详细，当我们再次看到那些平凡的鸟儿时，也要注意仔细观察，看能不能发现一些新东西。

8 蚯蚓

　　在阴暗潮湿的地下，生活着许多小动物。右面这幅图里的小东西，就是我们很熟悉的蚯蚓。

　　蚯蚓体呈圆柱状，细长，各体节相似，节与节之间为节间沟。头部不明显，由围口节及其前的口前叶组成。口前叶膨胀时，可伸缩蠕动，有掘土、摄食、触觉等功能。围口节为第1体节，

蚯 蚓

口位其腹侧，口前叶下方。肛门在体尾端，呈直裂缝状。自第2体节始具刚毛，环绕体节排列，称环生。刚毛简单，略呈S形，大部分位于体壁内的刚毛囊中。自11~12节间沟开始，于背线处有背孔，可排出体腔液，湿润体表，有利于蚯蚓进行呼吸作用和在土壤中穿行。

　　当蚯蚓被切成两段时，它断面上的肌肉组织立即收缩，一部分肌肉自己便迅速溶解，形成新的细胞团，同时白细胞聚集在切面上，形成栓塞，使伤口迅速闭合。

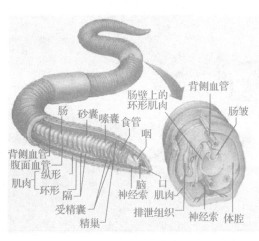

蚯蚓的身体结构

位于体腔中隔里的原生细胞迅速迁移到切面上来与自己溶解的肌肉细胞一起，在切面上形成结节状的再生芽。与此同时，体内的消化道、神经系统、血管等组织的细胞，通过大量的有丝分裂，迅速地向再生芽里生长。就这样，随着细胞的不断增生，缺少头的一段的切面上，会长出一个新的头来，缺少尾巴那一段的切面上，会长出一条尾巴来。这样一条蚯蚓就变成了两条完整的蚯蚓。

让我们找几条蚯蚓，仔细观察一下，说不定还有新的发现呢！

9 根

不同植物的根，形态各不一样。不知你有没有见过大豆、棉花、苜蓿的根，它们中间有一条又粗又大又长又直的根，称作主根，很容易找到，在它上面又长出许多杈杈。主根是种子萌发时，首先冲破种皮伸出来的白嫩的胚根发育而成的，也就是说，现在菜市场上随处可见

棉花根

的黄豆芽、绿豆芽，把其埋在土壤中继续生长发育，就能形成黄豆或绿豆植株的主根，上面的杈杈叫做侧根。

像这类能分出主次的根叫直系根。但是玉米、小麦、水稻的根就很难分出主次来，看起来像白胡子老头的一蓬胡须，粗细、长短

胡萝卜

相差不多，这样的根是怎么形成的呢？原来这类植物的种子萌发时，胚根很早就枯萎了，只发育出大丛的须根，其实是从茎的基部产生出的不定根。这类根叫须根。

还有一些植物的根，是变态根，跟上面的两类根完全不一样，功能也起了变化。例如各种萝卜，它们本身就是植物的主根，这种主根变得多肉、肥大，里面贮藏了大量的水分和营养。萝卜的营养非常丰富，被誉为"小人参"。

秋海棠的叶子插进土壤里就会长出根来。像这种从枝或叶上长出的根叫不定根，因为它不是从主根或侧根上生出的根。

常言说："独木不成林"。但独木真的不能成林吗？西双版纳森林里的大榕树，树冠非常庞大，枝干向下生出许多不定根垂到地面，入土后逐渐发育成枝干那样粗的支持根，支持着那庞大的树冠。其中有一

榕　树

棵大榕树的支持根形成的"树林"占地竟达6亩。世界最大的一株榕树长在孟加拉国，其支持根支持的树干可覆盖15亩左右的土地。这是多么奇特的"独木成林"景观啊。

你还看到过哪些植物的"根"呢？与同学们交流交流吧！

10 学习蚂蚁不堵车

蚂蚁是地球上数量最多的动物，虽然它们没有修筑道路，但它们在拥挤的巢穴和食物之间通行却十分畅通，几乎从不堵车，这给人类极大的启发。

一、永不超车

切叶蚁觅食归来时，它们衔着树叶，这使得它们的速度比其他蚂蚁要慢很多。在返回蚁巢的过程中，它们还会迎面碰上外出觅食的蚂蚁，这使得道路交通状况更加复杂。

切叶蚁

然而你永远也看不到这些小生物后退或者到处乱转，因为它们在处理自己日常事务时是有高度组织性和方向性的。法国的昆虫学家得出这样的研究成果：在狭窄的道路中，离开蚁巢的蚂蚁会自动为那些带着树叶返回的蚂蚁让路。而在返回的蚂蚁中，那些空手而归的蚂蚁尽管可以比那些带着叶片的兄弟们速度快，但它们并不会超过去，而是跟在携带叶片的蚂蚁后面排起长队。

这看起来是种违反直觉的选择，但却是非常有效的。据科学家计算，空手的蚂蚁个体在横穿3米长的拥挤路桥时，如果它等在慢速的行进队伍中而不试图超车，将花费32秒通过；而如果它超过速

度慢的同伴，所花费的时间将达到64秒。

二、运用路网

德国的物理学家曾经研究过蚂蚁分配道路资源的问题。

他们设计了一条"蚂蚁高速公路"，这条公路用两条不同宽度的路线将蚁巢与食物连接起来。如果一只蚂蚁沿着拥挤的路线返回巢穴，它就会根据道路的拥挤状况迫使一部分的蚂蚁选择岔路。这样，在最短的路线形成堵塞之前，蚂蚁们便被分散到其他的路线上，最大限度地利用了道路网的运行潜力。

蚂蚁

长期以来，人们着迷于蚁巢中蚂蚁的组织能力，因为一个蚁巢的复杂程度可与任何大城市的实际建筑图纸媲美。在交通行进中，它们似乎是凭借本能切换路线，使个体的流动遵循最有效率的方式。

"人类交通的一个决定性因素是利己主义。"科隆大学一位交通流量理论学家说，"驾驶员制定自己的出行计划时，并不会考虑别人的需求，这导致了一些不应出现的交通拥堵。而蚂蚁不是这样。"他认为在人类的交通中，本质上是出于"用户最优"，而在蚂蚁的交通中则是"系统最优"，这便产生了不同的行为模式。

"如果要向蚂蚁学习，我们首先必须把车辆的控制权交给一个集体的智能系统，系统将控制所有车辆从出发地向目的地移动。"澳大利亚邦德大学的软件数学家如此认为。

三、蚂蚁的"云计算"

蚂蚁做决定依靠的是它们服务于蚁巢的天性和地面交通的实际

情况。蚂蚁们通过分泌的费洛蒙和彼此之间的身体接触传递信息，海量的信息像云一样笼罩着蚂蚁们，实时为它们传达包括交通状况在内的各种信息。

科学家们经过几十年的研究也未能揭开蚂蚁的信息交换之谜。但伊利诺斯大学的昆虫学家山姆表示："我们的证据有力地证明了进出工蚁间的碰面是很重要的，它们管理的不仅仅是交通流，也包括信息流，尽管我们目前只知道这一点，但这具有很重要的潜在价值。"

神奇的造物主居然在蚂蚁小小的身躯里装了这么多复杂的规则，人类实在是应该多向大自然学习。

11 鸟巢

春天来临，绝大多数鸟类不再像冬天那样喜欢群居生活，而是各自忙于选择理想的地方筑巢。在繁殖期间，鸟类都要占有一块地盘，作为活动和取食的范围并在其中筑巢，这块区域叫巢区。有了巢区，鸟就不需为寻找食物而长途跋涉，避免在同种之间相互干扰，这对孵卵和育雏都有好处。鸟类在占领巢区、选好配偶之后，就开始筑巢安家。

多数鸟类筑巢由雌鸟独自承担，也有雌雄鸟共同筑巢的，如家燕等。根据巢的位置的不同，生物学家将鸟的巢穴分为地面巢、水面巢、建筑巢及编织巢等。雉、雁、鸥、鹬类鸟以及鸣禽中的百灵鸟、云雀、柳莺等，在地面土壤上筑巢，有的直接把卵产在地面的凹陷处。小䴙䴘、红骨顶、董鸡等鸟在水面上筑成浮巢，这种巢可随水升降，水波对幼鸟不会造成危险。山雀、戴胜、鸳鸯利用天然树洞作巢，啄木鸟的巢穴也在树洞里，但它必须自己凿洞。而麻雀、家燕等喜欢在建筑物的瓦或屋檐下做巢。鹭类、鸠鸽等在树上用树枝编织巢穴，十分简陋。伯劳、黄鹂、卷尾、寿带、大苇莺等能筑

劳作的潘雀

编织鸟巢

杯状巢，短翅树莺、文鸟等能筑球状巢，棕扇尾莺、攀雀能筑瓶状巢，缝叶莺能筑袋状巢。翠鸟、沙燕等鸟是在岩边堤基或砂土峭壁挖掘坑道状的洞穴作巢。还有些鸟充分利用它们的飞行优势，把巢筑在悬崖绝壁上或高高的树梢细枝杈间，使得各种天敌即使发现了它们的巢，也可望而不可即。

北非黑脸织布鸟

由于很多鸟类能把巢筑在非常隐蔽的地方，再加上一些伪装，就使孵卵亲鸟、卵和雏鸟更有安全保障了。

鸟巢有哪些作用呢？

一般认为它首先能使鸟卵聚集在一起，让所有的鸟卵能同时被巢内的亲鸟所孵化。

其次，由于鸟巢大多由植物纤维、兽毛、鸟羽、泥土、地衣等织成，有一定的保温作用，可以减缓由于孵卵期亲鸟短时离开巢窝而使已孵热的卵变凉的过程。有些雏鸟，在刚孵出的头几天，体温还不能保持恒定，很容易随着天气的变化而改变体温，因而需要亲鸟像孵卵时那样经常地暖着它们，而鸟巢就起着减缓热量散失的作用。

在暴风雨来临时，鸟巢也能起到保护小鸟的作用。这时，亲鸟伏在窝内，把两个翅膀和尾巴上的羽毛都伸展开，用自己的身体构成一个防雨的"伞"，小鸟们躲在下面就很安全。夏季，天气十分炎热的时候，亲鸟伏在窝内，不时扇动翅膀，或者用嘴巴把鸟卵来回滚动，这样就可以为鸟卵遮蔽太阳和降温。

黑头群栖织布鸟和它的巢

黄胸织布鸟和它的巢

很多鸟类是认巢不认卵的，它们一见到自己的巢就会去孵卵，即使把鸟巢中的卵换成玻璃球或石子，有些鸟也全然不顾地照孵不误。但如果毁掉了它们的巢窝，孵卵行为就立即终止。

能与人类的建筑才能相媲美的动物不只有鸟类。你能了解更多的动物和它们的巢穴吗？做个记录吧：

动物名称	巢穴特点

12 神奇的蛛网

世界上没有任何一种动物能像蜘蛛那样织出复杂而精美的网。即使是掌握了现代纺织技术的人类，对于蜘蛛织网的创意和高超技能也常常自叹弗如。

仔细观察蜘蛛吐丝就会发现，蜘蛛的丝线一般都是从它的腹部吐出来的。原来蜘蛛生有能够分泌蛛丝的丝腺。蜘蛛在喷丝时，将体内分泌的丝蛋白液体通过输送管道推向喷丝头上的一个小喷口。丝蛋白液体从喷口喷出，在空气中凝固成丝并不断拉长，形成有一定强度和韧性的长线。

不同的蜘蛛所织的网，样子和花纹也常不一样。一般来说蜘蛛网可有五种类型：第一种是我们最常见到的圆网，也就是所谓的八卦网，网在一个

园蛛的网

平面上，蛛丝由中央向四周呈辐射状排列，中间再连很多横丝。大圆蛛、长金蜘蛛、尘埃蜘蛛等都结这样的圆网。第二种叫漏斗网，网的形状像个漏斗，旁边还有一个丝质的管，这是蜘蛛在网上

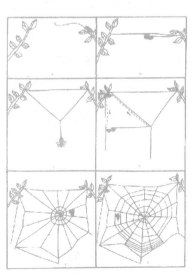

园蛛结圆网的过程

行动时的出入口及藏身之处。悉尼漏斗网蜘蛛及部分狼蛛和捕鸟蛛结这样的网。第三种网呈三角形，叫三角网。这种蜘蛛网在厕所和车棚中多见，一般在墙角结网。第四种叫华盖网，丝被织成丝层，排于一平面上，其他的丝不规则地向四方延伸。这种网也很多见，路边

狼　蛛

的花卉及矮冬青上经常能见到，它和三角网的基础构架相似，但更繁琐。第五种网是不规则立体网，蛛丝向各方向不规则地伸出。大姬蛛、黑寡妇等球腹蛛类结这样的网。

　　除了这些常见的网外，还有一些很特别的蜘蛛网。

　　生活在热带雨林中的一种身体只有蚂蚁大小的红蜘蛛会一起织网，合作狩猎，共同分享食物。红蜘蛛把巢网建在树上，一般能向上延伸15～20米，犹如一个巨大的天网，构成了热带雨林中昆虫航线上的最大障碍物。建造这样一个网需要数万只蜘蛛通力合作。如果这

球蛛、幽灵蛛的网

张网出现破损，蜘蛛们就一起进行修复，并不断扩大这张网的规模。如此巨大的网，昆虫一旦掉进去，根本别想逃出来。别说昆虫，即使像鸟这样大的动物如果陷进去了也很难脱身。

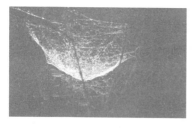

漏斗网

　　撒网蛛编织的网也非常特别，看上去就像一张"渔网"。这种网是用一种非常特别的多股丝线织成的。看上去就像一张毛乎乎的矩形"渔网"。捕猎时，撒网蛛用4只前腿将网举起来，眼

睛紧盯着地面。一旦有猎物走到它高举的"渔网"下面，它就会毫不客气地将网猛地罩到猎物身上，并将其紧紧捆住。

　　大自然中，蜘蛛的种类多得不可胜数，蜘蛛网的类型也是千差万别，人类对蜘蛛网的研究和认识还相当浅薄。相信在不断深入的观察和研究中，人类会对蜘蛛网越来越了解，同时也会从中获取越来越多的科学启迪。

看起来蜘蛛网很复杂，实际上蜘蛛总是按照一定的规则来构造它们，蜘蛛的建筑才能和艺术才能真是令人惊叹。

13 榫卯结构

在传统的老式家具上，我们常常会看到一种特殊的构件连接方式：相互连接的两个木构件，一边制作成一定形状的凸起，另一边制作成相应的凹洞，凹凸相互拼接就形成了完美的构件连接。这种凹凸相拼的结构叫做榫卯结构。其中凸出的部分叫榫或榫头；凹进的部分叫卯或榫眼、榫槽。

榫卯结构是中国传统家具造型的主要结构方式，在我国传统家具制作中已经达到很高的技艺水平了，同时也常见于其他木、竹、石制的器物中。

考古学家们通过研究发现，早在7 000多年前的河姆渡新石器时代，我们的祖先就已经开始使用榫卯了。在千百年的技艺传承中，我国古代的工匠们根据应用范围的不同，发明了各种榫卯的做法，有的用来连接面与面、边与边、面与边；有的用于作横竖构件的丁字结合、成角结合或交叉结合；还有一类是将三个构件组合在一起并相互连结的构造方法，这种方法除运用以上的一些榫卯联合结构外，还有一些更为复杂和特殊的做

榫卯结构的房屋

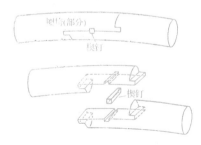

传统红木家具榫卯工艺结构图

法，常见的有"托角榫"、"长短榫"、"抱肩榫"、"粽角榫"等。

采用榫卯结构，往往能使整套家具甚至整幢房子不使用一根铁钉，却能使用几百年甚至上千年，这在人类轻工制造史上堪称奇迹。

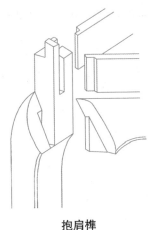

抱肩榫

研究发现，榫卯结构组合的家具比用铁钉连接的家具更加结实耐用。

第一，榫卯结构是榫和卯的结合，是木件之间多与少、高与低、长与短的巧妙组合，这种组合可有效地限制木件之间向各个方向的扭动。而铁钉连接就做不到这一点。用铁钉将两根木桩做"T"字型组合，竖与横的构件很容易被扭曲而改变角度，而用榫卯结合，就不会被扭曲。

其次，金属容易锈蚀或氧化，而采用榫卯结构的木制家具，只要木质好，可以使用几百年或上千年。许多明朝的家具距今几百年了，虽显沧桑，但木质坚硬如初，结构相当完好。如果用铁钉组合这样的家具，很可能木质完好，但由于连接的金属已被锈蚀，而使家具吱嘎作响，甚至散架。

第三，榫卯结构的家具便于运输。许多高档家具是拆散后运输，到了目的地再组合安装起来的，非常方便。如果用铁钉连接家具，就很难做到拆装运输。同时，榫卯结构的家具也便于维修。家具使用多年，总会出现问题的，如果用铁钉连接，拆卸更换就不像榫卯结构

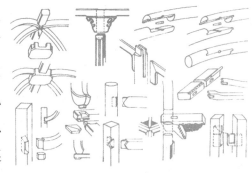

各种榫卯结构

家具来得容易。

最后，榫卯结构的家具整体品质高。有些家具木质坚硬，而铁钉是靠挤和钻硬楔进去的，此过程极易造成木材劈裂，这一点木工师傅都非常清楚。而使用榫卯连接家具，就不会出现这样的问题，可以大大提升家具的内在品质，这也是传统工艺制作的家具具有增值收藏价值的一个重要原因。

因为榫卯结构属中国建筑和家具特有，又有这么多的优点，所以有人把它和京剧一起列为国粹。

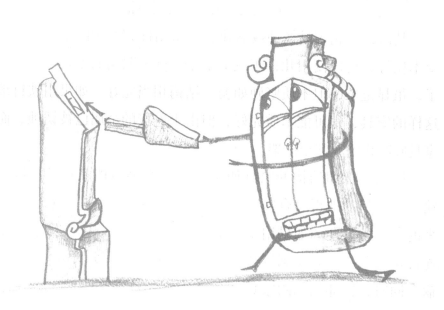

本文带领我们观察了中国建筑和家具中复杂多样的榫卯结构，让人深深感到中国古代劳动人民杰出的聪明才智。

14 满天飞舞的烟花

除夕之夜，人们喜欢燃放烟花来迎接新的一年，璀璨的烟花会将黑色的夜空装点得无比绮丽，使除夕之夜充满了喜庆色彩。

烟花燃放后会有变化无穷的效果，这是因为烟花内部填充有不同的添加剂，它们的形状、燃点、爆炸性质、产生气体等因素影响了烟花燃放后的飞行路线和光色特点，从而形成不同的效果。

发光效应是烟花药剂的一种主要效应。利用这种效应，烟花点燃后能照亮夜空、喷射亮星或产生一闪一熄的效果。在烟花药剂中增加铝粉、镁铝合金粉等金属粉，即可产生大量的光能和热辐射，其发光强度之高，温度可达数千度。许多烟花一起燃放，可将夜空照得亮如白昼。将硬木炭粉或铝粉、铁粉加入药剂中，燃烧后会有一些颗粒在没有完全燃尽时被喷出，这些被喷出的颗粒再次遇见空气中的氧，就会发生第二次燃烧，从而产生亮星效果。硬木炭粉可产生金黄色小星；铁粉可产生钢蓝小星；铝粉可产生白色小亮星。利用这一原理可将烟花制成金黄色、白色、蓝色的各种喷花。如果除了加入金属粉之外，再加入易产生大量的固体和液体生成物的材料，则可以产生闪烁

烟花如丝

效果。金属粉燃烧产生较高的温度和较大的亮度后，固体和液体的残渣则覆盖着下一层等待燃烧的药剂，这时会出现一种熄灭感。当下一层药剂被点燃后，又会产生高温和较大的亮度。这样一亮一熄可以形成雪花飘飘、红星闪耀的闪烁效果。

烟花药剂燃烧时除了能发光外，还能产生不同颜色的火焰。不同药剂能产生不同的颜色。产生红色火焰需要在药品中加入氯化锶；产生绿色火焰则应加入氯化钡、氧化钡；产生蓝色火焰需要加入氯化铜；而橙色和紫色火焰则是利用不同色彩混合的规律而创造出来的。采用这些燃烧后能产生色彩的药剂，可制成各种色彩鲜艳的发光体。

烟花药剂在一定的容器中被点燃后，会发出各种声响，我们把这种现象称为"声响效应"。将黑火药系列的药剂装在纸筒中，两头压上泥塞，在药剂上边再扦上一根引线，引燃后会产生悦耳的哨子声或笛子声。将高氯酸钾和铝粉等混合后装在纸筒中并封闭严实，用导火索点燃会产生爆炸声和耀眼的闪光。利用这些"声响效应"可制成筒雷、包雷、嗡子、小鸟、哨子、笛子等部件。

某些药剂燃烧后能产生大量的气体，能使纸制品旋转或升到空中，或连续喷出彩星，或连续射出更小的烟花部件，或将壳体炸开，这些现象是由药剂燃烧后的"气动效应"造成的。利用"气动效应"可制成能产生不同烟花效果的喷花、射珠、旋转、火箭、升空等类型的烟花。人们还利用"气动效应"，控制烟花在半空中炸开外壳，同时抛出或点燃内部更小的烟花，形成空中礼花。

还有一些烟花，创造性地将有机染料装入烟花内部，有机染料在高温作用下，直接升华成蒸气，并在大气中冷凝成为有色烟，这样就形成了五彩缤纷的烟幕效果。

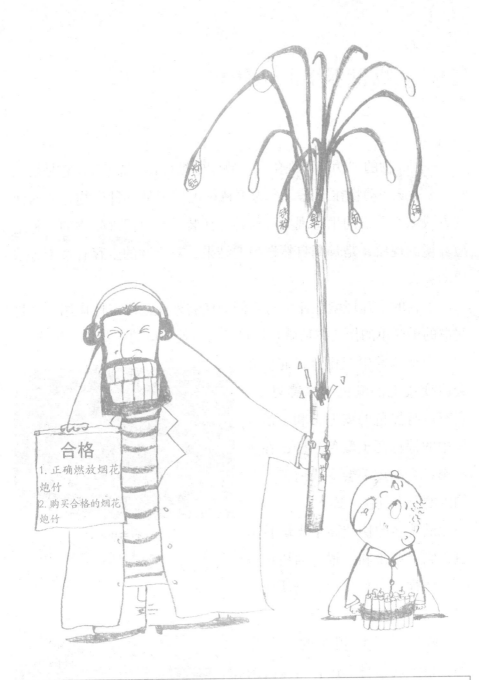

当我们再次观看烟花时，我们就能根据烟花的各种声、光、色来推测烟花火药的成分了。

15 动物世界里的"伪装术"

动物的"伪装"现象在生物学中被称作"拟态"，它是指某些动物在形态、行为等特征上模拟另一种生物，从而使一方或双方受益的生态现象。这种"伪装"是自然界生物的一种适应环境的现象，是长期自然选择的结果，对生物的生存有着十分重要的意义。

动物的生存环境往往会对它们的伪装外观起决定性作用。动物采取的最简单的伪装技巧就是让自己与所处环境的"背景"相符。

当季节发生变化时，北极狐会改变皮毛的颜色。在春夏季，它有一身黑色的皮毛，和生活环境中的棕色泥土颜色一样；在秋冬季，它的皮毛会变成白色，与周围的白雪颜色一致。

竹节虫

最著名的伪装高手当属竹节虫，它看起来和一根普通树枝没什么两样，天敌会把它错认成一根树枝而对它置之不理。

除了与环境相似的体色之外，很多动物身上还有明显的图案，这些图案可能是斑点、斑纹

拟叶虫

澳洲叶虫

海 龙

或一组色块，不仅可用来隐藏自己，有些图案还会起到视觉干扰作用。这种干扰作用对于那些群居动物特别有用。

成群结队的斑马在狮子看来并不像是由个体构成的群体，倒更像一个长满斑纹的庞然大物。斑纹可以帮助斑马藏身于较高的草丛中。虽然斑马的体色和周围环境完全不同，但由于狮子是色盲，这种差异并没有多大关系。

很多鱼类也采用类似的伪装术。这些鱼拥有颜色鲜艳的竖斑纹，很容易被天敌发现，但当成群的鱼聚在一起游动时，它们的斑纹将完全混在一起。这幅令人眼花缭乱的景象会让天敌觉得那是一个庞大的球体在游动。

另一些动物则采用了更为大胆的模仿策略。有几种蛾类在翅膀上演化出醒目的图案，这些图案模仿了大型动物的眼睛。鹰蛾毛虫的背部看起来就像一个蛇头，对于它可能遇到的大多数捕食者而言，这是一幅恐怖的景象。这种适应能力有一个更简单的变体，就是只模仿颜色。在许多生态系统中，有毒的小型动物会演化出鲜艳的体色。捕食者知道要对这些颜色敬而远之，不然就会被充满毒液的嘴巴咬上一口。随着时间的推移，某些无毒物种也会演化

斑 马

出相同的体色，借助天敌对有毒物种的警惕而逃避危险。

在世界各地，你会看到基本伪装要素的各种变化和组合，随着动物的进化，它们会变得越来越适应栖息的环境。

伪装术并不会使动物消失，只是让其他动物产生错觉，不容易发现它们罢了。你还知道哪些善于伪装的动物？做个记录吧：

动物名称	伪装方式

16 外来物种入侵

外来物种入侵是指生物从外地自然传入或人为引入后成为野生状态，并对本地生态系统造成一定危害的现象。在我们身边，外来物种入侵现象非常普遍，目前我国常见的外来物种有如下几种：

水葫芦

水葫芦 原产于委内瑞拉，大约于20世纪30年代作为畜禽饲料被引入我国，并曾作为观赏和净化水质植物推广种植。由于其无性繁殖速度很快，现已广泛分布于华北、华东、华中和华南，其中以福建、云南、江苏、浙江、四川、湖南、湖北和河南等省较多。

世界上十大最有害的
入侵物种之一——野兔

水葫芦的疯狂蔓延使很多水生生物处于灭绝的边缘。以云南昆明的滇池为例，据资料记载，20世纪60年代以前滇池主要水生植物有16种，水生动物68种，但到20世纪80年代，大部分水生植物相继消亡，水生动物仅存30多种，被专家称为患上了"生态癌症"，现在我国每年要花费上千万元用于打捞水葫芦。

小龙虾

小龙虾　学名克氏原螯虾，原产于南美洲。现在世界各地都有养殖并已经形成数量巨大的野外种群。在我国，小龙虾是二战期间由日本传入，最早在江苏省南京市以及郊县繁衍，现已扩散到我国南方的广大区域。

小龙虾开始时是一个自然扩散的过程，但是因为小龙虾的抗逆性很强，在各种水体里都能生存，在陆地上也能够爬行，所以繁衍非常快速。小龙虾喜欢穴居，会导致灌溉用水的流失，破坏田地而且可能危及水库大坝，危害性很大。由于小龙虾繁殖速度惊人，抗恶劣环境能力很强，制止小龙虾扩散非常困难。

世界上十大最有害的
入侵物种之一——八哥

福寿螺　又名大瓶螺，属于热带和亚热带物种，原本分布于南美洲的墨西哥、巴西等地，20世纪70年代末，作为一种食物被引入东南亚的许多国家和地区。而在美国，福寿螺则是作为宠物引进的。1980年，福寿螺被引入中国台湾，1981年被引入中国大陆。短时间内，它的分布范围迅速增加，并从南向北推进。

福寿螺

目前，福寿螺已经成为世界

性的农业生产的重要有害生物，在
亚洲、北美洲和南美洲都出现了大
规模的爆发，对粮食生产造成了严
重影响。福寿螺不但破坏当地淡水
生物的物种多样性，它还会传播一
种人畜共患的寄生虫，这种寄生虫
能引发脑膜炎。

世界上十大最有害的入侵
物种之一——蛇头鱼

　　巴西龟　我国几乎所有的宠物
市场上都能见到巴西龟的出售，但
巴西龟已经被世界自然保护联盟列为全球100个最危险的入侵物种之
一。巴西龟具有对饵料的强占有率，在生存空间中占据优势，一旦流
入江河中，将大量捕食小型鱼、贝和蛙类的卵及蝌蚪，掠夺其他生物
的生存资源，使同类物种的生存受到毁灭性打击。同时巴西龟也是疾
病传播的媒介。

巴西龟

世界上十大最有害的
入侵物种之一——葛根

　　外来物种入侵的严重后果：严重破坏生物的多样性，并加速物种的灭绝；严重破坏生
态平衡；可能携带的病原微生物对其他生物的生存甚至对人类健康构成直接威胁；给受害
各国造成巨大的经济损失。

17 植物世界里的"战争"

科学家发现，如同动物一样，植物之间也常会发生敌视和攻击现象，甚至把对手杀死。植物之间"以强凌弱、水火不容"的现象近年来已经引起科学家的高度关注。"许多植物跟动物一样，拼命扩大自己的领地，繁殖后代，把其他植物赶尽杀绝，影响了自然界的生态平衡。"中国科学院昆明植物研究所的科学家这样说。科学家还告诉我们："研究植物相生相克，已经成为国际上的热门学科。"

我国云南昆明附近生长着一种草，长得繁茂、迅速，但这种草周围很难有长得好的其他植物。科学家研究发现，这种草在生长过程中会与其他植物暗暗较量，最终打败其他植物，自己迅速繁殖，占据地盘。这种草制胜的法宝是它分泌出的一种物质，这种物质可以抑制其他植物的生长。

丁 香

科学家把植物的相生相克作用，称作化感作用。化感作用是指一种植物通过对其生长环境释放化感作用物质，对另一种植物或其自

铃兰花

身产生直接或间接、有利或有害的效应。通俗地讲，有些植物之间，由于种类不同，习性各异，在其生长过程中，为了争夺营养空间，从叶面或根系分泌出对其他植物有杀伤作用的有毒物质，致使其与邻近的他种植物"结怨成仇"。比如，丁香种在铃兰花的旁边，会立即萎蔫；同样，丁香的香味也会危及水仙的生命。将丁香、紫罗兰、郁金香、勿忘我种在一起，彼此都会受害。薄荷、月季等能分泌芳香物质的花卉，对邻近花卉的生态有一定抑制作用。玫瑰花和木樨在一起，前者会排挤后者，使其凋谢；木樨在凋谢前后又会释放出一种化学物质，使玫瑰中毒死亡。

紫罗兰

郁金香

成熟的苹果、香蕉等，如果和正开放的玫瑰、月季、水仙等放在一起，前者释放出的乙烯会使盆花早谢，缩短观赏期。

与动物主要用物理方式实施攻击不一样，植物"相克"的武器主要靠释放化学物质来威胁对手。但也有一些山藤会盘绕在大树上，直接吸食大树的营养物质，使大树树干中空而死掉。

勿忘我

薄荷

水仙

昆虫和牲畜有时也会被植物挥发的毒气或分泌物伤害，人吃了某种有毒植物会死亡，这已多有报道。令人奇怪的是，一些植物在毒杀别的植物时，也会发生"自毒"——把自己及后代毒死。

科学家说："植物的这种进攻和防御本领，可能是生命在千亿年竞争进化过程中自然选择的结果，其目的是为了避免惨遭淘汰，但其深层道理还有待深入研究。"

除了彼此"相克"，许多植物更乐意于"相生"，相互关照，友好相处。百合与玫瑰种养或瓶插在一起，比它们单独放置会开得更好。花期仅一天的旱金莲如与柏树放在一起，花期可延长至3天。山茶花、茶梅、红花油茶等，与山苍子摆放在一起，可明显减少霉污病。

18 核辐射

核辐射并没有那么可怕，科学家发现少量的核辐射有益于人体健康。

在马绍尔群岛的比基尼岛礁，美国于1954年3月1日成功试爆氢弹。从1945年到1958年的13年间，美国在马绍尔群岛共进行了66次原子弹和氢弹爆炸试验，530人因此患上癌症，另有超过一半的癌症当时没被诊断出。对核辐射的恐惧使得比基尼岛成为无人岛，没人能预想到半个世纪后这里会是一片生机。

2008年，一群科学家来到比基尼岛礁。当初爆炸过后的惨状早已不再，在海下从朗格拉普环礁迁徙而来的几十种生物健康地生活着。

"我从未在马绍尔群岛以外的任何地方发现这些像树一样生长的珊瑚。"澳大利亚生物学家扎伊·理查兹惊叹道。与由于气候变暖正濒临死亡的澳大利亚大堡礁珊瑚不同，这里的珊瑚长势喜人。1954年的核爆炸所造成的5.5万摄氏度高温，在比基尼环礁留下一个直径约180米，深约72米的大坑，岛上的珊瑚全部死亡。但是54年后，这里却成了一个高7米、枝干直径30厘米的珊瑚丛林。如果不是清晰可辨的巨坑与周

核爆炸

围水域中的舰艇残骸，谁也不会想到这里曾经是美国重要的核试验基地。

几乎从宇宙诞生那一天起核辐射就一直存在，那是微波背景辐射。事实上，在生活中核辐射也随处可见，不只是医院的透视、CT和放疗等设备具有放射性，生活中到处都隐释出辐射。

核辐射是原子核从一种结构或一种能量状态转变为另一种结构或另一种能量状态的过程中释放出来的微观粒子流。这种从原子核中释放出的辐射，普遍存在于包括水和空气在内的所有物质之中。从钻石、祖母绿、玛瑙等宝石，到建筑用的花岗石和砂岩，再到人们热衷于收藏的各种化石，甚至鹅卵石都有不同程度的放射性。

日本以"温泉岛国"著称，在境内星罗棋布的2 600多眼温泉中，鸟取县三朝地区的氡温泉极受欢迎——三朝地区的癌症死亡率为全日本平均癌症死亡率的50%。1937年，本冈山大学医学院研究发现，当地土壤、岩石、水中氡的微量放射线可以刺激人体自身的自然治愈力和免疫力的活性化，激发身体潜在的生命力。微量放射线不仅可治疗神经疼痛、皮肤病及风湿症等疾病，并能有效预防与过氧化反应和免疫抑制相关的疾病。

"人们一听到辐射就联想到原子弹和成千上万生命的丧失。他们以为切尔诺贝利反应堆事故就像日本的原子弹爆炸一样，这是错误的。"负责世界卫生组织辐射研究项目的迈克·雷帕乔利说道。目前在全世界范围内，辐射对人类健康的危害被严重夸大了。研究发现遭受1毫希沃特单位核辐射人群的年死亡率为十万分之五，可造成相同死亡率的行为有：吸烟70根，在煤矿工作50小时，吃2 000匙花生油，甚至驾轻舟旅行300分钟、骑自行车旅行500英里或开车旅行7 500英里。事实上，低水平辐射的危害程度远不如通常想象的那么高，甚至还可能是有益的。

继日本的氡温泉研究之后，在20世纪80年代，美国匹兹堡大学的伯纳德博士比较了宾夕法尼亚州氡含量不同的272 000个家庭中肺癌的发生率，发现某些生活环境中氡含量高的地区居民的肺癌发病率低于整个宾夕法尼亚州的平均水平，这个研究结果也得到了哈佛大学流行病学专家格拉汉姆博士的验证。近年来，微量辐射的益处开始受到广泛关注，更多研究显示出小剂量辐射可给人体带来好处。在天然本底辐射（天然射线的照射）偏高的印度部分地区，人们患癌症的几率在降低。美国原子能委员会（AEC）1971年启动了以考察低剂量核辐射对生物体健康影响的计划，对美国各州自然环境中的核辐射剂量进行了测定，结果发现那些辐射剂量高的州的癌症发病率明显低于辐射剂量低的州。紧接着美国的流行病学调查结果也表明，在高本底辐射地区，癌症的死亡率反而低。

越来越多的例子证明微量的核辐射对人类健康有着积极的推动作用，只是科学家们还没有给"微量"以明确定义，核辐射激起细胞自我修复机制与对人体产生伤害的界线还未有明确的划分。

可以上网了解：辐射定义、天然辐射、人工辐射、辐射防护、核辐射对人体的危害、核电站事故及处理等。

19 动物与仿生学

仿生学是一门模仿生物的特殊本领，利用生物的结构和功能原理来研制机械或各种新技术的科学。据推测，古代木船的发明是源自从鱼类的游泳得到的启示；在发明飞机的过程中，人们也从鸟的飞行中学到了许多有用的知识。

下面我们举几个动物与仿生学的例子。

一、苍蝇与现代科技

一只苍蝇停在桌面上，当你用手去捕捉它时，你会发现，你的手还未落下，它早已飞离了这块"是非之地"。这一切是怎样发生的呢？

科学家通过对苍蝇眼睛的研究发现，苍蝇的眼睛是由许多六角形的视觉单位（即小眼）构成的复眼。这种复眼具有很高的时间分辨率，它能把运动的物体分成连续的单个镜头，并由各个小眼轮流"值班"。于是人们根据苍蝇复眼的构

放大10倍后的苍蝇眼睛

造，仿制了"蝇眼"照相机，其镜头由1 329块小透镜黏合而成，每厘米的分辨率达4 000条线，这种照相机被用来复制计算机的显微电路。苍蝇的眼睛能看见紫外线，但人和其他热敏元件却看不见紫外线，所以，人们又仿制了"紫外眼"，这种"紫外眼"在国防上起到

重要的作用。

科学家研究后还发现，苍蝇在危急时刻能快速逃生，翅棒也在起作用。翅棒位于苍蝇的后翅位置，是后翅退化后形成的，形状与哑铃有些相似，它能使苍蝇往后"开倒车"，很快飞离"危险区"。它还能为身体导航，保持飞行方向，不至于在原地兜圈子。人们根据这个原理仿制了振动陀螺仪，这种导航仪现在已用于高速飞行的火箭和飞机上，提高了它们的稳定性。

苍蝇的嗅觉很灵敏，人们根据苍蝇的这个特点仿制了气体检验仪器。苍蝇的口上和腿上长满了茸毛，茸毛是由两个感盐细胞、一个感糖细胞和一个感水细胞组成的，对甜味有着特殊的"爱好"。人们根据这个原理，仿制了检测糖尿病的仪器。另外，这四个感受细胞

放大100倍的苍蝇眼睛

能各自把得到的信息输入大脑，当苍蝇跟物体一接触，便能分辨能否食用。在这个基础上，人们又制成了气体分析仪，用来分析航天飞机中气体的成分以及检测潜水艇中的有毒气体。

二、从萤火虫到人工冷光

自从人类发明了电灯，生活变得方便、丰富多了。但电灯只能将电能的很少一部分转变成可见光，其余大部分都以热能的形式浪费了，而且电灯的热射线对人眼有害。那么，有没有只发光不发热的光源呢？人类把目光投向了大自然。

在自然界中，有许多生物都能发光，如细菌、真菌、蠕虫、软体动物、甲壳动物、昆虫和鱼类等，而且这些动

萤火虫

物发出的光都不产生热，所以被称为"冷光"。在众多的发光动物中，萤火虫便是其中的一类。萤火虫发出冷光不仅具有很高的发光效率，而且发出的冷光很柔和，很适合人类的眼睛。因此，萤火虫的冷光是一种人类理想的光。

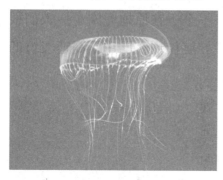

发光的水母

早在20世纪40年代，人们根据对萤火虫的研究发明了日光灯，使人类的照明光源发生了很大变化。后来，科学家先是从萤火虫的发光器中分离出了纯荧光素，接着分离出了荧光酶，又用化学方法人工合成了荧光素。由荧光素、荧光酶、ATP（三磷腺苷）和水混合而成的生物光源，可在充满爆炸性瓦斯的矿井中充当闪光灯。由于这种光没有电源，不会产生磁场，可用于清除磁性水雷等工作。现在，人们已能用掺和某些化学物质的方法得到类似生物光的冷光，作为安全照明灯。

三、电鱼与伏打电池

自然界中有许多生物都能产生电，仅鱼类就有500余种，人们将这些能放电的鱼统称为"电鱼"。

不同"电鱼"放电的本领各不相同。放电能力最强的是电鳐、电鲶和电鳗。中等大小的电鳐能产生70伏左右的电压，而非洲电鳐能产生的电压高达220伏；非洲电鲶能产生350伏的电压；电鳗能产生500伏的电压，有一种南美洲电鳗竟能产生高达880伏的电压，称得上"电击

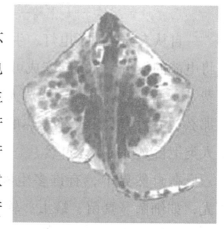

电　鳐

冠军"，据说它能击毙像马那样的大动物。

"电鱼"放电的奥秘究竟在哪里？经过解剖研究，科学家发现在"电鱼"体内有一种奇特的发电器官，这些发电器官是由许多半透明的盘形细胞构成的。单个细胞产生的电压很微弱，但细胞多了，产生的电压也就很高了。

电鲶

"电鱼"的非凡本领，引起了人们极大的兴趣。19世纪初，意大利物理学家伏特以"电鱼"的发电器官为模型，设计出世界上最早的伏打电池。因为这种电池是根据"电鱼"的天然发电器设

电鳗

计的，所以把它叫做"人造电器官"。对"电鱼"的研究，还给人们这样的启示：如果能成功地模仿"电鱼"的发电器官，那么，船舶和潜水艇等的动力问题便能找到更好的解决办法了。

　　仿生学的最新发展：人工神经元、细胞自动机是细胞系统水平的仿生，基因转移的模仿、生物高分子的人工合成是分子系统水平的仿生。仿生学已经全面发展到一个从分子、细胞到器官的人工生物系统开发的时代。查查看，动物与仿生学，还有哪些我们已知的运用：

仿生物品	仿生原理

20 地震——能量释放

在2008年5月12日14时28分04秒，四川汶川、北川，8级强震猝然袭来，大地颤抖，山河移位，满目疮痍，生离死别8万余人，直接经济损失达8 451亿元。2011年1月12日，日本近海发生9.0级特大地震，引发约10米高的海啸，并诱发福岛核电站爆炸。强震重创日本，核危机令世界揪心。

那么，什么是地震，它是如何发生的，为什么会造成这么大的危害？如果遇到地震，我们该怎么办？

地震是一种自然现象

地震，又称地动或地震动。它像我们平常看到的风雨雷电一样，是一种常见的自然现象，是地壳运动的一种表现，具体而言是地球内部缓慢积累的能量突然释放而引起的地球表层的振动。

据统计，全世界每年发生地震大约500万次。其中，绝大多数地震很小，不用灵敏仪器便觉察不到，这一类约占地震总数的99%，其余的1%，约5万次，是能被人们感觉到的。一般情况下，5级以上地震就能够造成破坏，习惯上称之为破坏性地震，平均每年发生约1 000次；7级以上强震平均每年18次；8级以上大震每年发生1~2次。

汶川地震后

日本地震诱发的海啸

为什么会发生地震

地球时时刻刻都处于运动变化中，地球的运动变化产生许多能量，其中最主要的是地壳运动所产生的能量。在地壳运动过程中，地下的岩层会受到不同程度的挤压、拉伸、旋扭等力的作用。当能量积蓄到一定程度的时候，在岩层构造比较脆弱的地方

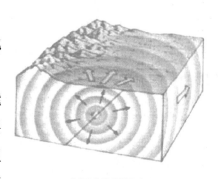
地震波从震源中心
呈圆形波形式扩散

或原有断层处就会发生突然的、快速的破裂，岩层断裂之处就是震源，岩层断裂所产生的振动就是地震。

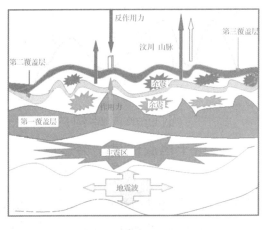
汶川地震原理图

地球上90%的地震都是由于地壳的断裂造成的，这类地震称之为构造地震。此外，火山爆发可造成火山地震；洞穴坍塌可造成塌陷地震；水库蓄水可造成水库地震；人工爆破也可造成人工爆破地震，由于这些类型的地震数量少、能量小，形成

的破坏程度也小，因此，我们要预防的主要是构造地震。

地震来了怎么办

1. 抓紧时间避险是首要任务

一般地震发生时，大的晃动时间为1分钟左右。这时应首先找合适的地点避险。小的震动，可以躲避在重心较低且结实牢固的桌子下面，并紧紧抓牢桌子腿。在没有桌子等可供藏身的场合，无论如何也要用坐垫等物保护好头部。大的震动要找坚固的空间避险，如承重墙墙根、墙角等处。

2. 摇晃时立即关火，失火时立即灭火

大地震时，不能依赖消防车来灭火。因此，我们每个人主动关火、灭火的努力，是能否将地震灾害控制在最低程度的重要因素。为了不使火灾酿成大祸，家里人自不用说，左邻右舍之间也应互相帮助，厉行早期灭火是极为重要的。

3. 保持镇静，不要盲目地向户外跑

地震发生后，慌慌张张地向外跑，碎砖石、玻璃等掉下来砸在身上是很危险的。此外，墙体、屋顶和一些公共设施等也有倒塌的危险，不要靠近这些物体。如果有可能的话，尽量往空旷处跑。

4. 将门打开，确保出口畅通

门不要关！

钢筋水泥结构的房屋，由于地震的晃动会造成门窗错位，打不开门，曾经发生有人被封闭在屋子里的事例。请及时将门打开，确保出口畅通。

5. 户外的场合，要保护好头部，避开危险之处

当大地剧烈摇晃，人站立不稳的时候，人们都会有扶靠、抓住什么的心理。身边的门柱、墙壁大多会成为扶靠的对象。但是，这些看上去挺结实牢固的东西，实际上却是危险的。在1987年日本宫城县海底地震时，由于水泥预制板墙、门柱的倒塌，曾经造成过多人死伤。务必不要靠近水泥预制板墙、门柱等危险之处。

6. 在公共场所依工作人员的指示行动

在商店、电影院等人员较多的公共场所，最可怕的是发生混乱，人与人相互踩踏。所以，当地震发生时，不要慌乱，请依照工作人员的指示行动。

7. 汽车靠路边停靠，管制区域禁止行驶

发生大地震时，由于地面震动，驾驶员会无法把握汽车方向盘。行车人必须充分注意，避开十字路口将车子靠路边停下。为了不妨碍避难疏散的人和紧急车辆的通行，要让出道路的中间部分。

8. 务必注意次生灾害

地震往往能诱发山崩、海啸等灾害。所以在山边、陡峭的倾斜地段，有发生山崩、断崖落石的危险，应迅速到安全的场所避难。在海岸边，有遭遇海啸的危险。当地震发生时，请注意警报信息，迅速到安全的场所避难。

9. 避难时要徒步，携带物品应在最少限度

因地震造成的大火蔓延燃烧，出现危及生命、人身安全等情形时，应采取避难的措施。避难时，要听从指挥，在负责人及警察等带领下采取徒步避难的方式，携带的物品应在最少限度。绝对不能利用汽车、自行车避难。

10. 不要听信谣言，不要轻举妄动

在发生大地震时，人们心理上易产生动摇。为防止混乱，每个人依据正确的信息，冷静地采取行动，极为重要。

地震科学数据的应用领域一览表

数据类别		应用领域
观测数据	地震、地磁、重力、地形变、地电、地下流体、强震动、现今地壳运动等观测数据	地球基础科学：固体地球物理、空间物理、地质构造、地球结构、地球动力学等方面；其他：国防、航海、航空航天、测绘、地质、气象、供电、通讯、火山灾害预测、国土资源、矿产勘探、城市建设、大型工程建设、环境保护、水资源、环境监测、水利。
探测数据	人工地震、大地电磁、地震流动台阵	地球基础科学：固体地球物理、空间物理、地质构造、地球结构、地球动力学等方面；其他：国防、航海、航空航天、测绘、地质、国土资源、矿产勘探、城市建设、大型工程建设、环境保护。
调查数据	地震地质、地震灾害、现场科考、工程震害、震害预测、地震遥感	国土资源、国防、测绘、航海、气象、城建、地质、救灾、农业、水利、交通、消防、城市建设、生命线工程与大型工程建设、政府决策、基础地球科学研究。
实验数据	构造物理实验、新构造年代测试、建筑物结构抗震实验、岩土地震工程实验	基础地球科学研究、地质构造与减灾、城市建设、生命线工程与大型工程建设。

地震释放的能量是巨大的，造成的破坏是可怕的，但人类的智慧是无穷尽的，只要我们努力，相信有一天，我们能准确地追踪她，把她的破坏减轻，并把这巨大的能量变害为宝。

21 微观世界——奇妙的微生物

列文·虎克

在人眼无法看到的微观世界中，生活着地球上绝大多数的生物，它们就是微生物。列文·虎克用他自制的显微镜第一个发现了奇妙的微生物世界。他在观察记录里这样描绘："我用4天的时间，观察了雨水中的小生物，我很感兴趣的是，这些小生物远比直接用肉眼所看到的东西小到万分之一……这些小生物在运动的时候，头部会伸出两只小角，并不断地活动……如果把这些小生物放在蛆的旁边，它就好像是一匹高头大马旁边一只小小的蜜蜂……"雨水中的小生物其实就是原生动物。1683年，牙垢成了列文·虎克关注的对象。他发现人口腔中竟然躲藏着许多"小动物"，它们像蛇一样以优美的弯曲姿势运动着。他惊叹地记录道："在人口腔牙垢中生活的小生命，比整个荷兰王国的居民还要多。"这是人类第一次观察到细菌时发出的感叹。

所谓微生物是指形体微小、结构简单，通常要用光学显微镜或电子显微镜才能看清楚的生物。微生物种类繁多，已知的至少有十万种以上。按其结构、化学成分及生活习性等差异可分成三大类。

1. 真核细胞型微生物：细胞核的分化程度较高，有核膜、核仁和染色体，胞质内有完整的细胞器（如线粒体等）。真菌属于此类微生物。

2. 原核细胞型微生物：细胞核分化程度低，仅有原始核质，没有核膜与核仁，细胞器不很完善。这类微生物种类众多，有细菌、螺旋体、支原体、立克次体、衣原体和放线菌。

3. 非细胞型微生物：没有典型的细胞结构，亦无产生能量的酶系统，只能在活细胞内生长繁殖。病毒属于此类微生物。

现在就让我们从这三类微生物中各选择一个代表来打开这扇微观世界的大门吧！

一、酵母菌（真菌）

酵母菌是人类文明史中被应用得最早的微生物，它是一种单细胞真菌。目前已知的有1 000多种酵母菌。酵母菌有个"怪脾气"，就是它在有氧和无氧的环境下均能生长，而且在不同环境条件下，它"吃糖"之后能生成不同的产物。在无氧的情况下，它进行无氧呼吸，将98%～99%的糖发酵生成乙醇和二氧化碳，剩余1%～2%的糖被自身细胞所吸收。在有氧的情况下，它会进行有氧呼吸，将糖彻底氧化成二氧化碳和水，这个过程释放的能量更多些。我们了解了酵母菌的"脾气"之后，应当在满足我们自身需要的同时，也使它们"满意"。也就是说，当人们想要得到大量酵母菌菌体的时候，应当进行通气培养；而在利用它们制造酒精、啤酒时，就要采取隔绝或排除氧气的措施。

二、乳酸菌（细菌）

细菌是生物的主要类群之一，是所有生物中数量最多的一类。在大众的眼睛里，细菌的形象并不十分美好，甚至有些邪恶。然而这对这一群与人类相识300余年的"老朋友"们显然是不公平的。比如在人体肠道内栖息着数百种有益细菌，其数量超过数十万亿。长期科学研究结果表明，以乳酸菌为代表的细菌是人体必不可少的，是具有重要生理功能的有益菌，它们数量的多少直接影响到人类的健康。

而人体肠道内拥有的乳酸菌数量，随着人的年龄增长会逐渐减少。当人到老年或生病时，乳酸菌数量可能下降100至1 000倍，直到老年人临终完全消失。在平时，健康人比病人多50倍，长寿老人比普通老人多60倍。因此，人体内乳酸菌数量的实际状况，已经成为检验人们是否健康长寿的重要指标之一。现在，由于广谱和强力的抗生素的广泛应用，使人体肠道内以乳酸菌为主的益生菌遭到严重破坏，抵抗力逐步下降，导致疾病越治越多，健康受到极大的威胁。所以，有意增加人体肠道内乳酸菌的数量就显得非常重要。目前，国际上公认乳酸菌为最安全的菌种之一，也是最具代表性的肠内益生菌。这完全符合诺贝尔奖得主、生物学家梅契尼柯夫"长寿学说"里所得出的结论：乳酸菌＝益生菌＝长寿菌。

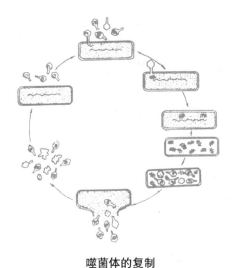

噬菌体的复制

三、噬菌体（病毒）

世间万物都是相生相克的，即所谓一物降一物。正如大象这个庞然大物，偏偏最怕的是小老鼠。人，也被微乎其微的细菌折磨得痛苦不堪。但你是否知道，细菌也害怕比它小得多的另一种微生物，它就是噬菌体。顾名思义，噬菌体专门对付细菌。噬菌体是病毒的一种，它个子很小，只有用电子显微镜才能观察到。

噬菌体有许多特性，它采取寄生生活寄生在细菌体内，对细菌的"兴趣"具有特异性。也就是说，一种噬菌体只对一种特定的细

菌感"兴趣"。例如大肠杆菌噬菌体，只寄生并"吞食"大肠杆菌，对别的细菌则不闻不问，这样我们就可以利用噬菌体来治疗相关的细菌性疾病。

　　微生物虽然微小，却与人类生活关系密切。它涵盖了有益有害的众多种类，广泛涉及健康、食品、医药、工农业、环保等诸多领域。现代生物学的若干基础性的重大发现与理论，都是在研究微生物的过程中或以微生物为实验材料与工具而取得的。如今，很多常用、通用的生物学研究技术依赖于微生物，很多医学技术也依赖于微生物。小小的微生物，为我们的世界作出了巨大的贡献。

22 手眼之间皆物理

一个呱呱落地的婴儿，他（她）的第一声啼哭，就用物理学振动发音的方法告诉人们：一个新的生命诞生了。紧接着，医生用力学方法来测量婴儿的体重、身高，用热学方法为婴儿御寒。就这样，他（她）来到了五彩缤纷的物质世界。

人类生活在这个物质世界里，在长期的生产劳动中，认识自然，利用自然，逐步认识和总结了许多自然规律，形成了自然科学。而物理学则是自然科学中一个重要的基础组成部分，因为物理学是研究物质运动最一般的规律、物质的基本结构以及物质间相互作用规律的。

物理现象广泛存在于我们的生活中。抛出的石头会落回地面，磁石能吸铁，钻木能取火，这些自然界的物理现象引发我们的思考，改变了我们的生活世界。我们应用众多物理知识制造了电视、电脑、汽车、飞机。这个日新月异的科技时代更要求我们学好物理知识，掌握物理规律。

物理学好比一个大殿堂，包罗万千、绚丽多彩。一旦跨进这个科学殿堂的大门，你便会目不暇接，感到美不胜收。

物理学为什么会如此绚丽多彩呢？这要从物理学的学科特点说起。

物理学是一门实验科学，人们在大量的观察、实验基础上，对物理现象加以总结、概括，抽象出概念，并以概念为基石建立物理

规律。因此，物理学的基础坚不可摧。同时，物理学的许多概念和规律不但有物理表述，同时还有数学表述，展示了物理学的简洁与自然。例如，阿基米德定律的物理表述为：浸在液体（或气体）里的物体受到向上的浮力，浮力的大小等于它排开液体的重力，其数学表达式为：$F_浮=G_液$（或$F_浮=G_气$）。在物理的发展进程中，根据物理学中的基本概念和基本规律可推导出新的概念和规律。因此，物理学又是一门严密的理论科学。

由于物理学研究的是物质最基本、最普遍的运动形态及其规律，而最基本、最普遍的运动形态存在于一切更复杂、更高级的运动形态之中，因此，物理学具有极大的普遍性。例如，能量的转换与守恒定律是自然界最普遍、最重要的基本定律之一，从物理、化学到地质、生物；小到原子核内部，大到宇宙天体，只要有能量的转化，就一定遵循能量守恒定律。从日常生活到科学研究、工程技术，这一规律都发挥着重要的作用。人类利用的各种能源，如煤、石油等燃料以及水能、风能、原子能等，都是通过能量的转化来实现的。能量的转化和守恒定律是人们认识自然和利用自然的有力武器。所以，物理学还是一门应用广泛的基础科学。

物理学在研究问题的过程中采用的方法很多。如：实验法——在实验中建立规律，在实验中应用规律；理想化方法——突出主要因素，忽略次要因素；归纳法——从个别规律概括总结出普遍规律；演绎法——由普遍原理得出局部结论；假设法——先猜想，后证明；数学方法——用数学方法解决物理问题等等。可见，物理学也是一门带有方法论性质的科学。

物理学包罗万千的原因不仅在此，还因为它具有一个十分重要的本质特征，这就是物理学的任何知识，不论是现象、事实、概念、物理量、定律、理论等等，都必然涉及以下三个基本因素：实验、物理思想和数学（定量表述或数学公式）。从教材中可以看到，每个章节都有实验，这说明物理概念和规律都是在实验的基础上建立起来的。而每个概念、每条规律都有严格的内涵，这就是它的物理思想。例如：力——它是物体间的相互作用，是改变物体运动状态的原因；惯性定律——一切物体都具有保持静止状态或匀速直线运动状态的性质。同时，物理概念和物理规律都有定量表述。例如：声音有高低——用频率的大小表示，力有大小——用力产生的效果大小表示。这就是说，任何物理学内容无不具有实验基础、物理学的逻辑思维和数学表述这三要素。正如伟大的画家达·芬奇对正确认识所依据的原理的叙述那样："智慧是实验之女，实验总是不会发生错误的，只要那些期待由实验产生的力所不及的东西的判断才是错误的。"为了避免结论出错，应当求助于数学。达·芬奇写道："连一种数学都不能运用、与数学毫无联系的科学是没有任何可靠性的。"事实上，始源于伽利略、奠基于牛顿的物理学乃至整个自然科学，正是由于找到了实验、逻辑思维和数学的正确结合途径，才得以发展成为今天推动人类社会前进的伟大生产力。

物理可让我们学会观察、思考。古往今来，在科学发展史上，许多有成就的科学家都是善于观察那些细小的、司空见惯的而被常人所不屑一顾的现象并抓住不放，坚持不懈地研究，最终揭示出事物的本质规律——真理。

真理常常就在你身边，看你有没有一双敏锐的眼睛，看你有没有一个善于思考的脑子，看你有没有敢于坚持真理的勇气。

例如自然界中屡见不鲜的雷雨现象，我们可以从化学角度观察研究雨水为什么是酸性的？雨后的空气为什么特别清新？也可以从生物学角度观察思考雨水中的微生物种类与含量，雨后的春笋迅速生长的原因等等。我们甚至还可以从文学的角度思考如何描写雷霆

万钧的气势、大雨滂沱的壮观和雨后万物的欢欣……然而，从物理学角度，我们究竟应该和能够观察思考些什么呢？简单地说有这样一些问题：(1) 为什么

会下雨？(2) 大雨前的气压有什么明显变化？(3) 雨滴的形状为什么不是方的、尖的，而是雨滴形的？(4) 雨滴在高空和低空什么时候落得快？它到地面时的速度有多大？(5) 下雨时，为了少淋雨，人究竟是应该快跑还是慢走？(6) 雷电的成因是什么？带电的云又是怎么形成的？(7) 为什么总是先看见闪电而后听见雷声？雷电的传播速度是多大？(8) 闪电前，云中的电荷与毛皮摩擦橡胶棒产生的两种电荷是否一样？(9) 天上的雷电为什么会把地上的大树、房屋等击坏？怎么解决雷击问题？(10) 闪电为什么是蓝色的？(11) 雨后为什么会出现彩虹？……

喜爱物理课的中学生说："把知识本身学懂、记牢，养成多看、多想、多问为什么的良好习惯，是打开思路、提高思维能力和学习积极性的有效手段。"

物理可让我们学会解释、应用。走路时地面给人一个向后的摩擦力，不要以为摩擦力都起坏作用，不信可以赤着脚在干净而湿润的玻璃板上走走看！跳高，是因为人用力蹬地时，地面给人一个反作用力才使人跳起。游泳时，水没过胸就会感到憋得慌，这是由于液体内部的压强压迫了胸腔。进水越深，压强越大，憋的感觉也越明显。热天出汗，擦一把就感觉凉快，因为汗珠被抹开后增大了和空气的接触面积，使蒸发速度加快。冬天，触摸室外的铁柱觉得黏手，是因为手与铁之间的水迅速结成冰……

物理可让我们的生活有趣、精彩。物理课上，如果老师引导我们学习物理概念和规律之后，用物理知识分析几个生活中的现象，你的注意力会一下子被吸引过去，这时再看黑板上的那个表达式就不是那么别扭了，油然升起一股喜悦。是啊，小时候你百思不得其解、百问不得其因的难题，却让黑板上这样一个简单的式子说明白了。

物理真是太伟大了！是的，物理学的伟大不仅在于它能解释我们日常生活经验无法解释的现象，而且还在于它存在于我们生活的各个角落。无处不有物理规律在起作用。

23 神奇的热线——红外线

1982年4月13日半夜，英军攻击阿根廷军据守的马尔维纳斯群岛最大据点斯坦利港。3 000名英军发动夜间攻势，由于他们的所有枪支、火炮都配备了红外夜视仪，能够在黑夜中清楚地发现阿军目标。而阿军却缺少夜视仪，不能发现英军，只有被动挨打的份。在英军火力准确的打击下，阿军支持不住，英军趁机发起冲锋。到黎明时，英军已占领了阿军防线上的几个主要制高点，阿军完全处于英军的火力控制下。最终，14 000名阿军不得不向英军投降。英军利用红外夜视器才赢得了一场兵力悬殊的战斗。

1666年，英国科学家牛顿做了人类首次用三棱镜分离太阳光束的实验，并由此证明，太阳的白光是由各种色光组合而成。1800年，德国科学家霍胥尔重复了牛顿的实验，他将太阳光用三棱镜分解开，在各种不同颜色的色带位置上放置了温度计，试图测量各种颜色的光的加热效应。结果发现，位于红光外侧的那支温度计升温最快。因此得出结论：太阳光谱中，红光的外侧必定存在看不见的光线，这就是红外线。

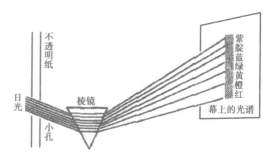

三棱镜分离光谱

一切物体由于有温度，都在不停地辐射红外线。物体的温度越高，辐射的红外线就越多。在现代社会，人们利用红外线的热效应制造出很多设备，极大地改变了我们的生活。

一、医疗保健

在红外线区域中，对人体最有益的是4μm~14μm波段，它有着孕育宇宙生命生长的神奇能量，所有动植物的生存、繁殖，都是在红外线这个特定的波长下才得以进行。远红外纺织品是近年来由一种新兴的精密陶瓷粉经特殊加工制成的，具有活化组织细胞、促进血液循环和提高免疫力、消炎、除臭、止痒、抑菌等功能。

另外，在医学上还可以利用红外线的热效应进行理疗。在红外线照射下，组织温度升高，血流加快，物质代谢增强，组织细胞活力及再生能力提高，伤口就容易痊愈。

二、烤箱和浴霸

物体在辐射红外线的同时，也在吸收红外线。各种物体吸收了红外线以后温度就会升高。我们就可以利用红外线的热效应来进行加热，红外线烤箱和浴室用的暖灯（浴霸）等家庭常用电器就是利用红外线热效应的原理制成的。

红外线遥控器

三、遥控器

我们平常都用到的电视遥控器也利用了红外线。遥控器的前端有一个红外发光二极管，按下不同的键时，它可以发射不同的红外线来遥控电视机。需要指出的是，当遥控器与红外接收端口排成直线，左右偏差不超过15度时，效果最好。

四、手机红外接口

红外接口是新一代手机的标准配置，它支持手机与电脑以及其他数字设备进行数据交流。红外通讯有着成本低廉、连接方便、简

单易用和结构紧凑的特点，因此在小型的移动设备中获得了广泛的应用。通过红外接口，各类移动设备可以自由地进行数据交换。配备有红外接口的手机进行无线上网非常简单，由于支持无线传输，避免了通过电缆连接的累赘，只要设置好红外连接协议就能直接上网。

五、防盗装置

该装置由红外线发射机和红外接收机组成。红外线发射机发射的红外线光束构成了一道人眼看不见的封锁线，当有人穿越或阻挡红外线时，接收机将会启动报警主机，报警主机收到信号后立即发出警报，这类装置在很多影视作品中出现过。

六、红外线开关

饭店门口的感应门就是利用红外线进行开关的，具体来说红外线开关有主动式和被动式两种。主动式红外线开关由红外发射管和接收管组成探头，当接收管接收到发射管发出的红外线时，设备关闭；人体通过挡住红外线时，设备开启。被动式红外线开关是将人体作为红外线源（人体温度通常高于周围环境温度），红外线辐射被检测到时，开启设备。

七、红外遥感

由于一切物体，都在不停地辐射红外线，并且不同物体辐射红外线的强度不同，利用灵敏的红外探测器接收物体发出的红外线，然后用电子仪器对接收的信号进行处理，就可察知被测物体的特征，这种技术叫做红外线遥感技术，卫星上使用这种技术可以勘测地热、寻找水源、监测森林火情、估测农作物的长势和收成。我们每天都要关注的天气预报，也是红外线遥感技术的具体运用。

红外线近年来在军事、人造卫星以及工业、卫生、科研等方面的应用日益广泛，因此红外线污染问题也随之产生。太阳光中的红外线对皮肤的损害不同于紫外线。紫外线主要引起光化学反应和光免疫学反应，而红外线照射所产生的反应是由于分子振动和温度升高所引起的。红外线引起的热辐射对皮肤的穿透力超过紫外线。其辐射量的25%~65%能到达表皮和真皮，8%~17%能到达皮下组织。红外线通过其热辐射效应使皮肤温度升高，毛细血管扩张、充血，增加表皮水分蒸发等直接对皮肤造成不良影响。其主要表现为红色丘疹、皮肤过早衰老和色素紊乱。

红外线还能够增强紫外线对皮肤的损害作用，加速皮肤衰老过程。使用同样的防晒产品和在同样能量的紫外线强度下，在户外自然阳光下所测到的SPF值（防晒系数）明显低于在实验室人工光源下所测得的防晒效能，这是由于在自然阳光下，皮肤受到紫外线和红外线的双重作用而引起的。红外线和紫外线在加速组织变性中的作用是一样的。红外线也能促进紫外线引发的皮肤癌的发展。红外线在自然界中广泛存在，也可以人为制造，比如在焊接过程中会产生，危害焊工眼部健康。

对于红外线的危害，同学们也不用过于担心，人们已经发明了很多设备，如红外线防护镜、红外线防护网等，它们都可以对红外线在应用过程中带来的危害起到很好的防护作用。

红外线应用的领域在不断扩大，除了文中所介绍的，你还知道哪些应用领域？你希望它在哪些方面也能大显身手？写下你的设想吧：

已知领域		未来领域设想	
1		1	
2		2	
3		3	
4		4	

24 魔方

1974年，匈牙利布达佩斯建筑学院厄尔诺·鲁比克教授为帮助学生增强空间思维能力，自己动手设计了一种教学工具，使组成一个大方块的小方块可以随意转动而不会散开。这在当时不仅是个机械难题，牵涉到木制的轴心、座和榫头等，还需要有很强的"空间转换"想象力。鲁比克经过苦苦思索，终于找到一种方法，能让不同颜色的方块沿两条垂直轴线旋转而不会散架。当他把这个教学工具拿在手上随意转了几下后，才发现如何把混乱的颜色方块复原竟是个有趣而且困难的问题。鲁比克教授没有想到，他设计的这个教学工具，后来竟成了风靡世界的益智玩具——魔方。魔方与中国人发明的"华容道"、法国人发明的"独立钻石"一起被称为三大不可思议的智力游戏。而魔方受欢迎的程度更是智力游戏界的奇迹。

三阶魔方

魔方之所以"魔"力无穷，在于尽管它只有26个小方块，却可以达到约 4.3×10^{19} 次的变化数。如果你一秒可以转3下魔方，不计重复，你需要转4 542亿年才可以转出魔方所有的变化，这个数字大约是目前估算的宇宙年龄的30倍。魔方发明后不久就风靡世界，人们发现这个小方块组成的玩意实在是奥妙无穷。

魔方的分类

根据魔方每条边上正方形的块数，可以将魔方分为：二阶魔方、三阶魔方、四阶魔方……阶数越高，变化数越多，复原起来也就越复杂。目前魔方的最高阶数为十二阶。另外，还有很多衍生和变种魔方，如非对称魔方、捆绑魔方、连体魔方、异型魔方、魔板、魔球等等。

目前最普遍的魔方是三阶魔方，它的英文官方名字叫做Rubik's Cube，也就是用鲁比克教授的名字命名的。它每个边有三个方块，官方版本魔方边长为57毫米，三阶魔方由一个连接着6个中心块的中心轴以及8个角块、12个棱块构成，当它们连接在一起的时候会形成一个整体，并且任何一面都可水平转动而不影响其他方块。

魔方的结构

三阶立方体魔方由26个小方块和一个三维十字（十字轴）连接轴组成，（如下图）小方块有6个在面中心（中心块），只一面有颜色。与十字轴连接，中心块的内侧会有一个圆弧状的凹槽，组合

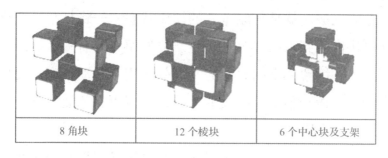

| 8角块 | 12个棱块 | 6个中心块及支架 |

魔方的结构

后，中心块和边块上的凹槽可组成一个圆形。旋转时，边块和角块会沿着凹槽滑动。边角方块8个（3面有色）角块，可转动。8个在角上（角块），角块的表面是三个正方形，结构类似一个小立方体从立方体的一个边凸出来，这样的结构可以让角块嵌在三个边块之间。12个在棱上（棱块），亦可转动。边块的表面是两个正方形，

结构类似一个长方体从立方体的一个边凸出来，这样的结构可以让边块嵌在两个中心块之间。物理结构非常巧妙。它每个面纵横都分为三层，每层都可自由转动，通过层的转动改变小方块在立方体上的位置，各部分之间存在着制约关系，没有两个小块是完全相同的。立方体各个面上都有颜色，同一个面的各个方块的颜色相同，面与面之间颜色都不相同。这种最初状态就是魔方的原始状态。复原魔方就是按照某种规则转动魔方，使其恢复到原始状态。玩具在出售时，小立方体的排列使大立方体的每一面都具有相同的颜色。当大立方体的某一面平动旋转时，其相邻的各面单一颜色便被破坏而组成新图案立方体，再转再变化，最后形成每一面都由不同颜色的小方块拼成。

魔方六个面贴纸通常由红、黄、蓝、绿、白、橙六种颜色组成。各个时期和地方的版本贴纸方法会有区别，但基本上是前红、后橙、上黄、下白、左蓝、右绿。

魔方的玩法

魔方的玩法，就是复原魔方的原始状态——将打乱的立方体通过转动尽快恢复到六面成单一颜色。复原魔方要有一个好魔方、一双灵巧的手、敏锐的空间想象力和高效实用的转动程序。复原方法有很多种，具体步骤上有很大的差异性，但也有相通之处，最常见的是一层一层地拼好。

魔方的解法很复杂，这里无法一一说清楚，而且说出来具体的某种解法，对于解开的过程也就没有意义了。这里给你一个提示，在魔方中，并不是以面为单位的，也就是说，不能看上去把一个面拼好了就以为离成功很近了，一面红色，也只算成功了六分之一。而是要以块为单位，每一块都有其特定的位置和摆放的方位，只要一个方位不对，这一块就没有摆对。而只要摆对块，就算表面看上去不太整齐，也是成功了一半了。

举个例子，首先你要定魔方的中心，比如你把顶面定为大红色，面对你的面定为黄色，而左侧面定为白色。那么，顶面的中心块就应该是大红，你的对面中心块为黄色，而左侧面中心块为白色，这样定位好后就可以开始了。

从上面两面的接触块开始，比如大红面和黄面的接触那一层的中间那一块，应该是红色在上，黄色在下，然后再摆上面的三面接触块，比如红黄白块，努力摆正位置，然后再下来就是摆中间的两面块，最后摆放底层的两面块、底层的三面块。需要注意的是，有时候摆好的块会因为要摆放后来的块被暂时打乱。很多魔方爱好者将转动程序变成公式，使后学者能够较容易学习，因公式比较复杂，这里就不多讲了，大家可以到网络上查询。

初学者大都选层先法，特点是公式少便于理解；竞速玩家一般是采用CFOP法，这种方法熟练之后可以在30秒之内将魔方的六面还原。

"魔方"是一种极富刺激、极具挑战性的玩具，对开发智力具有较高的价值。你玩过"魔方"吗？你善于从这种游戏中找寻规律并由此优化你的思维吗？

25 转基因动物和人类差距有多远？

转基因这个词大家并不陌生，这个本来只在科学家手里捣鼓的技术早已飞入千千万万寻常百姓家，像转基因大豆、转基因玉米、不饱和脂肪酸富集转基因猪等转基因食品都是大众关心和经常讨论的问题。而在科学上更常用的名词是基因工程或者称作遗传工程。

基因怎么"转"？

转基因技术是基因工程技术的一个方面，指用现代的分子生物学技术对动物或植物的基因组进行改造，按人们的希望和预先设计改造生物的性状，并形成可以遗传的种系。

目前比较成熟和常用的转基因技术有三种：一是受精卵的显微注射技术，把想要导入的基因注射到动物的受精卵里去，然后使受精卵发育成转基因动物。二是核移植克隆技术，把动物的体细胞进行一些基因的加工，然后再把这个加工过的细胞的细胞核取出来，放到挖去了细胞核的卵细胞里去，进而克隆成转基因动物。第三种就是病毒载体技术，把要导入的基因镶嵌在病毒上，通过病毒感染细胞而携带基因一起进入动物体内，从而形成转基因动物。前两种方法导入的基因遗传给下一代的比例较高，可以达到90％左右，而第三种技术虽然操作相对简单，但是由于病毒感染的不可控性更大些，遗传给下一代的几率不如显微注射技术和核移植克隆技术高。

转基因动物家族有多大？

随着基因工程技术的应用越来越广泛，被人类改造的转基因动物家族也日益庞大。在动物方面小鼠、大鼠、猪、羊、牛、鸡和猴等都有研究，目前小鼠是科学家们研究最多的，欧美等发达国家的基因

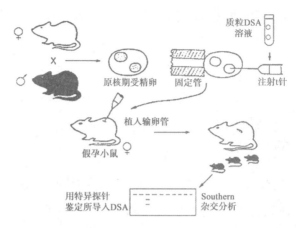

显微注射法制备转基因小鼠的程序

工程小鼠已经超过了2万种。大鼠、猪和猴起步较晚，是目前各国竞相研究的热点。

恒河猴、绒猴、食蟹猴等非人灵长类动物的转基因研究正在兴起。从目前的情况看，世界上成功制作转基因猴的有美国的3个实验室、日本的1个实验室，还有就是我国的中科院昆明动物研究所，主要是使用绿色荧光蛋白基因做导入基因，进行技术上的探索和完善。

转基因动物和人类差距有多远？

人们研制转基因动物的目的主要是建立人类的各种疾病模型，通过让小动物们患上和人类相似的疾病，在它们身上做实验，来探究人类疾病的发病机理和治疗手段。那么这些"被生病"的"小白鼠"们要模拟人类疾病，差距又有多大呢？

在基因水平上，大鼠、小鼠和人类非常接近，并且繁殖很快，理论上一对小鼠一年可以产生300只以上的后代，医药研究中使用最多的是大鼠和小鼠模型，全世界现在有大、小鼠疾病模型4 000多种，涵盖约200种不同的人类疾病。由于很多人类疾病的病因很

复杂，每种动物模型只能反映人类疾病的一部分，所以一种疾病可能对应多种动物模型，比如高血压，与之对应的动物模型就有几十种。

当然，啮齿类动物毕竟和人类无论是体型还是生理上都有较大差距，由于非人灵长类动物和人类更接近，使用非人灵长类动物做模型得出的结论对人类也更有价值，尤其是在神经系统方面比如痴呆症或帕金森病等，用非人灵长类的猴子模型研究要更好些。其实在技术上，猴子和小鼠的转基因是没有很大区别的，主要是猴子来源有限，产崽率低，每胎只产1~2只崽猴，怀孕时间5个月以上，需要几年的时间才能得到转基因后代，研究周期长、成本高。

未来的转基因动物

在动物身上研究得到的结论不能无限地外推到人类身上，我们必须和研究人类自身的结果相比较，确定有用的部分加以利用，这是一个鲜为人知的学科，叫做比较医学。现在疾病机制研究、药物筛选、药效评价都在大量使用动物模型，在一个药物用于治疗患者之前，必须经过动物实验验证它的有效性和安全性，一般会有90%以上的药物在动物实验这一阶段被淘汰掉，所以转基因动物已经在为人类健康做着贡献。

转基因技术安全吗？

转基因技术在医学上的应用应该不会有很大危险，医学和生命科学用的转基因动物都严格在实验室饲养，只要相关部门加强管理，不将这类动物扩散到环境中，就没有问题。科学家需要恪守科学和伦理规范，不对人类自身进行转基因研究以免产生"超级人类"。

需要注意的是转基因技术在农牧业方面的安全应用，一方面是食品安全，另一方面是对生态环境的影响。转基因食品安全不是简单地测试它有没有毒的问题，而是看食用5年、10年甚至更久后这个转基因食品对人体的生理机能等方面会不会产生不良影响，这就需要国家完善转基因食品安全评价的法规和技术体系，严格确立转基因食品的安全性评价。

在科学层面上，更应该注意的是转基因生物对生态的影响，因为农牧业的转基因物种是要大规模饲养和种植的，不易控制它们向原野的扩散，在广阔的原野中存在发生杂交和变异、产生优势物种、打破生态平衡的潜在危险。另外，也存在影响土壤、微生物、昆虫、食物链等生态组成部分的潜在危险。所以，在一个转基因物种进行规模化生产之前，评估它的生物安全性是绝对必要的。

[链接]

神奇的转基因动物
蜘蛛羊

我们都听说过蜘蛛侠，但是你听说过蜘蛛羊吗？美国怀俄明大学分子生物学家兰迪·刘易斯帮助"生产"的"蜘蛛羊"能产生普通的蜘蛛丝，这种构成蜘蛛网的物质由它们的乳腺产生。兰迪·刘易斯说："从概念上讲，用于翻译丝蛋白的蜘蛛丝基因与控制蛋白质构成组织的山羊的DNA有关。在这种情况下，它是乳腺，只形成于哺乳期。然后细胞与卵结合生成胚胎，胚胎有着合成其DNA的基因。当母羊开始分泌乳汁时丝蛋白就产生了，到了空气中就凝结起来……"

产药的小鸡

英国罗斯林研究所的科学家成功培育出世界上第一批能下"神奇鸡蛋"的小鸡。这种经过基因改造的小鸡所下的蛋是能用来制造

治疗癌症和其他疾病的药物。这种法国品种鸡每年可下约300颗鸡蛋。经过基因改造后的"神奇小鸡"，其DNA中含有人为加入的人类基因，当母鸡生下蛋后，科学家就能从鸡蛋的蛋白中提取用来制造药物的蛋白质。

牛津生物医药公司的研究人员安德鲁·伍德表示："从理论上来说，这种技术适用于不同种类的基因，因此这些母鸡也可以被用于制造许多不同的蛋白质。未来，这种技术有望用于治疗包括帕金森症、糖尿病和多种癌症在内的各种疾病。"

不怕猫的老鼠

日本科学家通过改变老鼠的基因，培育出了一只不怕猫的老

鼠。在科学家展示的照片中，一只褐色老鼠离一只猫不到几厘米，并且在猫的身边嗅来嗅去。

长期以来，科学家们认为，动物的恐惧可能是由它们灵敏的嗅觉唤起的。老鼠拥有大约1 000个嗅觉感受器基因，而人类只有400个起作用的和大约800个不活跃的嗅觉感受器基

因。在用老鼠所做的一项实验中，研究人员确认并移除了老鼠大脑嗅球上的某些感受器，结果这些老鼠变成了一群无所畏惧的啮齿动物，在天敌面前转来转去，显示出极强的好奇心，永远不知道危险的存在。

"转基因技术"是科学发展的一大进步，但也可能带来一些棘手的问题。读了此文，你最感兴趣的是什么，最担忧的是什么，有没有什么设想？

26 纳米科技：天使还是魔鬼？

5 0年前，美国物理学家、诺贝尔奖获得者费曼曾憧憬说："试想有一天，假如人们可以按自己的意志来安排一个个原子，将会产生怎样的奇妙景象？"这番话是对纳米科技的最早预言。具有自净能力的窗户、纳米自洁领带、直通宇宙的电梯……这些设想的实现，都离不开纳米科技的应用。

然而，纳米科技的飞速发展也让人类陷入了焦虑。在艾左克·阿西莫斯的科幻小说和据此改编的电影《终结者》中，机器人可以再生复制，给人类带来无尽的灾难和恐惧。未来纳米机器人会不会同样具备自我复制功能，会不会将地球资源消耗殆尽？纳米材料沾在皮肤上，不易脱落，会不会危害身体健康？日新月异的纳米科技让人类又喜又忧，它究竟是天使还是魔鬼？

"小纳米"并非"高科技"，生活处处皆有用

提起纳米科技，不少人会把它当做一种极为先进的科学技术。其实无论是在自然界中，还是在人类社会中，数个世纪以来，纳米科技一直被应用。

蝴蝶因为翅膀上变化多端、绚烂美丽的花纹使人着迷，这些多彩图案的形成就是因为纳米结构的存在，蝴蝶翅膀上的纳米结构也成为名副其实的色彩工厂。在罗马时代，已经存在精美的纳米产品，如今的大英博物馆里就陈列着一只名叫Lycurgus Cup的神奇酒杯，这只酒杯能散射暗绿色的光，并能透过红色的光，后来研究发

具有自洁功能的纳米玻璃

现是因为玻璃里含有 70 纳米的金银合金颗粒。

与以前纳米技术无意识的应用不同，现代社会，我们已开始有意识地应用纳米技术，即用单个原子、分子制造物质的科学技术。人的一根头发大约是 8 000 纳米，一般来说研究纳米技术是研究 100 纳米以下的数量单位。

纳米科技比较广泛的应用是在窗户的应用当中。现在摩天大楼随处可见，建筑物越来越高，这就给外部玻璃的清洁带来了麻烦。利用纳米科技制造出的具有自我洁净能力的窗户，能够很好地解决这个问题。在窗户表层加一层纳米的粒子，当阳光照射在纳米粒子上，沉积在窗户表层的粉尘或者污物就可以很好地得以分解，通过雨水冲刷即可把污物排除。

纳米科技"显神通"，未来应用福祉多

在纳米科技未来的应用领域中，最被人看好的当属生物医药领域。科学家在一只被切断了眼睛到大脑之间神经的仓鼠身上做了个实验。在切断的地方植入纳米颗粒，让纳米颗粒神经重新生长起来，建立了神经与大脑的联系，仓鼠即恢复了视力。随着纳米技术的不断发展，将这一技术应用于治疗人类神经系统疾病也将指日可待。

未来，纳米科技在计算机等数码产品中的应用，成果也将大有可观。在芯片单位面积一定的情况下，利用纳米科技缩小晶体管尺寸，就可以使计算机CPU中的晶体管数量成倍增加，计算能力即会获得大幅度提高。在 2003 年，我们的晶体管的大小差不多 90 纳米，2010 年是 30 纳米，2011 年英特尔会推出 22 纳米技术，2013 年会实

现15纳米，2015年会发展到10纳米。如今我们用一千块钱可以买到相当于一个老鼠的计算能力的机器；随着技术的发展，在2020年我们用一千块钱就可以买到与我们人脑有相同计算能力的机器；如果摩尔定律能够继续延续，到2050年，一千块钱就可以买到相当于全人类的计算能力的机器！

纳米毒性目前尚无定论

在纳米技术不断发展的同时，人们对此项技术的恐慌也接踵而来。一些人对灰色黏质理论深信不疑。这种理论认为科学家会制造出非常小的纳米机器人，然后他们通过自我繁殖，数量越来越多，最终消耗掉地球上所有的能源，把整个地球变成一大团灰色的、黏黏糊糊的物质。如果说这种恐慌尚处于幻想中，那么来源于纳米科技应用中的一些实际问题的恐慌听上去好像更有道理。

目前，纳米毒性学问题引起了学界很大争议。人类合成过很多东西，其实合成的许多东西远比我们谈到的纳米技术危险得多，但我们仍在使用。到目前为止并没有实际的例子表明接触这样状态下的纳米颗粒会导致这些颗粒进入人的器官。对于纳米毒性问题，并没有一个非常明确的研究结果。但正因为没有明确的答案，在研究中才更应该保持谨慎。

纳米技术的发展，给人类社会带来了无限的福祉，但它的"派生"效应也应引起我们的高度关注。对新科技我们应采取科学谨慎的态度。

27 抑菌"高手"——铜

铜，大家都不陌生，它是生活中最为常见的金属之一，它的化学符号Cu也是初中化学中最早认识的符号之一。我国早在3 500多年前的商周时代对青铜器的制造和应用就已达到鼎盛。古埃及人称铜为Ankh，意为永恒的生命。铜对生物而言，不论是动物还是植物，都是必需的元素。

而近年来在一些医疗设备、家具和配件上，出现了一个关于铜的特别符号"Cu+"。生产商们用这个符号来表明产品含有抑菌铜——目前世界上最有效的接触表面抑菌材料。虽然铜的特性已被挖掘了几个世纪，但直到今天我们才把这一了不起的材料带到了对抗细菌的最前线。

抑菌铜如何抑菌

事实上，抑菌铜"Cu+"并非是一个商标，而是关于铜的一个全新类别的介绍。经过多年的独立实验室试验，在通过美国环保署的严格测试之后，275种铜合金于2008年作为公共健康抑菌产品在美国环保署登记注册，之后又增加到357种。

科学测试表明：铜、黄铜、青铜、紫铜等抑菌铜是最有效的接触表面抑菌材料。在保持定期清洁的情况下，抑菌铜能够在2小时内杀灭其表面超过99.9%的耐甲氧西林金黄色葡萄球菌、抗万古霉素肠球菌、金黄色葡萄球菌、产气肠杆菌、绿脓假单胞菌、大肠杆菌。

那么抑菌铜是怎样抑菌的呢?铜在有水的条件下生成Cu2+，带正电的铜离子和带负电的细菌容易结合，并相互作用，从而使细菌、病毒及微生物的外层膜产生破洞；由于外层主要防护膜已被攻破，Cu2+铜离子流便可以顺畅地进入细胞内部，由于Cu2+为重金属离子，能够破坏细菌的蛋白质和呼吸酶，阻碍或破坏它们新陈代谢所需催化剂酶的活性，从而抑制、杀死和损毁细菌、病毒及微生物。

测试表明，抑菌铜作为天然的抑菌材料，不添加化学成分而对人和环境无伤害，有效性远高于不锈钢和含银涂层，而且完全可回收。不但如此，我们不必在抑菌铜表面上打蜡、着色、喷漆、清漆或者添加任何形式的涂层，即便反复磨损、污染、自然氧化乃至生锈到不同程度，都不会损害其抑菌功效，都仍然能够持续的抑制和杀灭致病细菌。

抑菌铜的"用武之地"

医院

医院，毫无疑问是我们最不想要感染疾病的地方，然而，美国疾病控制预防中心公开的数据显示：美国每年约有200万人在医院内受到感染，其中近10万人因此丧生。据悉，全世界重症监护病房里的病人有51％被传染，相对于没有被传染的病人，他们的死亡率高出两倍还多，80％的传染性疾病是通过固体表面接触传播的。

除了"洗手"和"消毒"等杀菌方法以外，采用抑菌铜材料制作床具把手、扶手、输液架、配药器等，可以减少病房里致病的细菌量。2008年，英国塞利橡树医院将医用设备换成铜制接触表面10周后，细菌减少了95％，并且证实通常的医院消毒剂也不会影响抑菌铜的抑菌性能；随后，美国、德国、南非和智利的研究数据也印证了相同结论。

日本北里大学医学院一项调查表明，在室温下，抑菌铜可以在

2个小时内杀灭其表面上超过99.9％的超级病菌耐甲氧西林金黄色葡萄球菌，其残留数量仅为普通材质表面的1／30。在参与试验的儿科重症监护病房内，仅圆珠笔表面检测到的金黄色葡萄球菌比率就从2006年的80％下降到了2010年的16.7％。

供水系统

已经达到标准的饮用水在进入我们家庭的供水系统后，水中残余的少量细菌会再次滋生或由于其他污物的进入从而造成"二次污染"。若使用铜水管，水与铜相接触，少量的铜就会溶于水中，并很快形成了一层致密牢固的铜氧化物和碳酸盐保护层，避免了进一步腐蚀和铜的过量溶入，也防止了其他污物的进入，更重要的是，铜离子也让细菌不能再次滋生。

最近，英国的一项研究表明，使用铜水管可以对饮用水中的一些致病生物体，尤其是大肠杆菌产生抑制作用；99％以上的水中细菌在进入铜水管道5个小时后便被杀灭。智利的科学家也发现，铜能够抑制沙门氏菌和弯曲菌的生长。这两种细菌都是常见的导致食物中毒的病原体，严重时还会威胁生命。

根据国际铜业协会的调查，世界各国使用铜水道管的比例为：英国95％，美国、加拿大、澳大利亚为85％，香港80％，新加坡为75％。众所周知，我国是将铜和铜合金用于生活器具领域最古老的国家之一，但大规模把铜用于水道管我国则落后了近一个世纪。直到近期，铜水管才成为上海已颁布的新建住宅推荐装修水管的唯一推荐产品。

公共交通空调

公交客车的空调蒸发器多采用铝翅片，会很快被冷凝水腐蚀，湿润、黑暗的环境给各种霉菌滋生提供了温床，并会随着气流进入车内，不但产生异味，而且降低车内空气品质。

上海医科大学对上海大气为期1年的空气微生物的监测结果表明，抑菌铜能有效抑制空气中的优势菌群，改善空气质量。2008年，我国第一辆铜翅片空调公交车——北京110路公交车正式上路；2009年，上海986路和576路的两辆铜翅片公交车也进入试运行；2010年上海世博会期间，采用铜翅片的大批公交车也有效改善了车厢内的空气质量。

公共卫生感染防控

2009年8月中国抗病毒大会上，英国南安普顿大学的研究报告称，甲型H1N1流感病毒能借助接触表面存活数天甚至更久，24小时后仍有50万细菌粒子存活，而一个被病毒污染后的表面可能通过手的接触，继续将病毒粒子传播到其他多达7个清洁的接触表面，所以造成了甲型H1N1流感疫情在全球肆虐；而75%的甲型H1N1流感病毒在铜表面滞留1小时后被杀死，6小时后滞留在铜表面的流感病毒几乎全部死亡，铜作为少有的天然抗病毒和抑菌材料，对于有效抑制甲型H1N1流感病毒有着不可替代的优越性。

而在2011年7月31日北京召开的2011第一届微生物大会上，中外专家公布的最新研究数据，证实了铜及其合金材质在公共卫生感染防控中的作用。抑菌铜能有效降低患者重复交叉感染的几率，而且不会产生像传统的病菌消杀方法产生耐药菌的情况。

美国环保署已向全球倡导在医疗设备、公共交通、教育机构以及其他领域使用这种"抑菌铜Cu+"，以持续有效地对抗致病细菌。我们也可以相信，随着"抑菌铜Cu+"的推广和应用，人们一定能够不断享受到抑菌铜金属所带来的健康生活。

当人们为了抑制细菌绞尽脑汁时，蓦然回首，却发现人类早就使用的金属——铜却有着如此出色的抑菌效果，真是太让人感到意外。是的，生活中许多看似平常的东西，却很可能包含着激动人心的秘密。

28 机器捕蝇草将成捕虫能手

　　自然界中，有一些喜欢捕食虫子的植物，捕蝇草就是其中之一。

　　在捕蝇草的叶端，长有一个酷似"贝壳"的捕虫夹，且能分泌蜜汁，当有小虫闯入时，能以极快的速度将其夹住，并消化吸收。

　　最近，美国缅因大学的研究人员莫森·萨因柏根据捕蝇草的捉虫原理，设计了一款机器捕蝇草，可以帮助人们捕捉虫子。

　　模仿从简单开始

　　每到夏天，莫森的妻子就向他诉苦，因为自家的别墅离池塘较近，蚊子苍蝇不时从外面飞进室内；另外，厨房也是虫子泛滥的重灾区，不少飞蛾从粮食里孵化出来，然后继续在粮食中产卵，没过几天，一袋粮食就被飞蛾的幼虫蛀得不像样了。虽然有不少驱虫药，但是这些药物也会污染环境和食物，妻子不敢轻易使用。用电蚊拍吧，又太浪费时间和精力。

　　在妻子多次诉苦之后，身为缅因大学机器人研究中心教授的莫森决定，发明一种可以自动捉虫的机器，帮助像妻子一样的众多家庭主妇走出"飞虫困境"。

　　该制造一种怎样的捉虫机器呢?莫森想到了仿生学，因为他从事的机器人研究就是仿生学的重要领域。向自然界学习是创造发明的一种重要方法，直接模仿自然界生物的原理设计机械就是仿生学采用的重要方法。

自然界中捉虫的动物有许多种，比如在天上飞的燕子和蜻蜓，在地上爬的蟾蜍，在水中游的青蛙。然而，这些动物身体构造都比较复杂，让模仿它们的机器动起来就很不容易，更别说让这些机器吃虫子了。

在仿生学研究中，模仿从简单开始，越简单的生物越容易模仿。莫森在观看一部关于食虫植物的纪录片时获得启发，决定以简单的捕蝇草为原型来制造捕虫机器。

模仿捕蝇草造机器

捕蝇草的构造的确比较简单，它身体最突出、最主要的部件就是那个捕虫夹，而捕虫夹分为两片，合起来就可以把虫子包裹住。

捕蝇草怎样知晓靠近的虫子呢？

原来，捕蝇草的捕虫夹内长了几对细毛，这就是它的感受器。一旦虫子踩到这些细毛上，捕蝇草就合起来，叶片边缘的长须也交错在一起，并分泌黏液防止虫子逃跑。捕虫夹内侧密布许多小红点状的消化腺，可以把虫子慢慢消化掉。

根据捕蝇草的捉虫原理，莫森制造了一个机器捕蝇草，它的捕虫夹内有两对细毛状传感器。一旦虫子碰到其中一根细毛，传感器就产生电流并触发动力开关，机器捕蝇草就合起捕虫夹。然后，捕虫夹分泌酸液消化虫子。消化之后，能量转化为电能储藏起来，为下一次捕虫提供能量。

从这个过程我们不难看出，机器捕蝇草和一般的自动化机器的最大区别是：它可以做到能量自给自足，不需要人们给它提供额外的电能。虫子越多，它的动力越强，能捕捉到更多的虫子。

就如同天然的捕蝇草一样，目前莫森制造的机器捕蝇草还不能移动，只能"守株待虫"。然而，这样的捕虫效率较低，因为初步的实验表明，这款机器捕蝇草每天只能捕获几只"不幸"降落其上的

"傻虫子"。

莫森决定下一步从两个方面进行改进：第一，莫森决定和生物化学家合作，研制一种类似捕蝇草蜜液的化学物质，主动吸引虫子到捕虫夹上来；第二，莫森将给机器捕蝇草装上轮子和自动绕障系统，让机器捕蝇草成为"动物"，在屋子里不停地运动，以便消灭分散的虫子。

目前，莫森设计的机器捕蝇草原型机外观还比较难看，整个控制系统都裸露在外。若是要制成产品，外观得好看一些。莫森和一些艺术家合作，设计了即将投产的机器捕蝇草成品，其外观很像流行电子游戏《植物大战僵尸》中吞食僵尸的大嘴花。

莫森的机器捕蝇草既可以投放在室内，也可以投放到庭院和小区里捕捉虫子，形成一个保护屏障，防止虫子"入侵'，住户。此外，未来改进型的机器捕蝇草还可以投放到农田中，帮助农民减轻虫害。

不会造成生态灾难

莫森发明的机器捕蝇草是近年来几款"食肉机器人"之一，主要都是用来捉虫子，比如英国科学家发明的可以在农田中捕捉蛞蝓和蜗牛的食肉机器人。

一些环保人士对这些食肉机器人持怀疑态度，因为机器人能量自给自足之后，它们不再需要人类的帮助就可以自由活动，这导致它们可能分不清害虫和益虫，把所有能吃的虫子都吃掉；而且，它们在吃完虫子之后可能吃其他小动物或植物，造成生态灾难。

对于环保人士的担忧，莫森表示完全没有必要，因为无论什么自动化机器，都是靠科学家编制的计算机程序来驱动的，计算机程序可以设置它们的活动范围和捕食的对象，不会乱吃乱跑。

当然，未来的食肉机器人很可能像科幻片中描述的那样失控，前提是赋予这些机器人"自动进化"的能力。

不过，那至少是几十年之后的事情了，目前的科技还不能赋予自动机器人"自动进化"的能力。

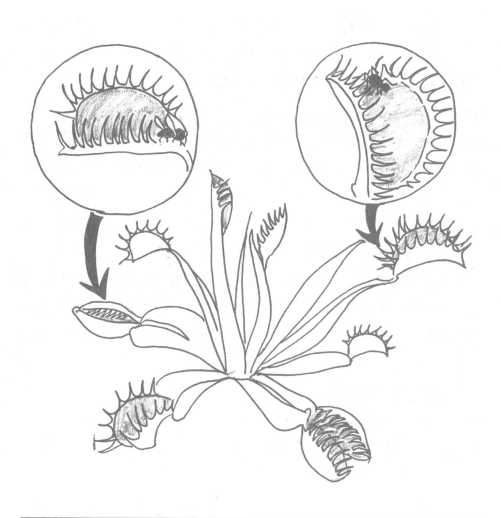

使用化学药剂消灭害虫对环境带来许多负面影响。可是要设计一个像燕子、蜻蜓一样的捕捉虫子的能手太不容易。莫森教授的设计真是别出心裁，我们是不是可以想象将来有一天，农民不再使用农药，就能获得丰收？

29 令人惊奇的深海生物百态

生物多样性一直是个热门词汇，因为它紧密联系着我们的日常生活。袁隆平利用我国丰富的野生和种植品系水稻进行杂交，选育出超级杂交稻，亩产超过900千克。这对我们13亿中国人来说意义多么重大！试想，如果没有我国水稻的生物多样性，"巧妇难为无米之炊"，再伟大的袁隆平，也会因为没有构建超级杂交稻的遗传基础而慨叹。在我们这个车轮滚滚高速前行的时代，轮胎是我们周游世界的关键部件。它的发明源于发现橡胶树能产生树胶，树胶可以加工制成既有强度又有弹性的"橡胶轮胎"，这才使汽车跑得飞快。试想，如果没有橡胶树这个物种，人类可能至今还坐在与古代战车差不多的辘轳上。可见生物多样性是人类赖以生存和发展的基础。因而，尽管到目前为止我们所知的绝大部分物种还没有"物尽其用"，人类探知地球物种及其多样性的渴望却越来越强。

上世纪七八十年代，人们还认为地球的动植物不过160多万种。这个数字随着人类生产和探测技术的提高，不断被刷新。最近，美国夏威夷大学的莫拉教授依据海洋生物普查数据，再经过科学的计算，得出的理论动植物种类是870万种！

然而，这个数字还有人认为是太过保守了。有人估算仅深海海底的物种就超过这个数。深海是指深海底区或深渊底区的海洋深层，一般在海面4 000米以下。在这个深度，光线无法透过，一直暗无天日，植物无法进行光合作用。之前人们一直认为这样的区域动植物不可能生存，是个毫无生气的"沙漠"地带。然而，1992年，日本科学家乘坐深海载人潜水器在鸟岛海域4 146米深处发现在古鲸遗骨上附着寄生的小型贝类和深海虾群。1994年，俄罗斯科学家在大西洋水域的热液场探测时，发现了多种热液生物，如虾类、贻贝类、鳗类等。1995年，美、日科学家联合对大西洋、太平洋深海调查中，在奥尻岛海域惊奇地发现了日本海的深海系依赖化学合成而生活的生物群。近年来，科学家们在仅对大约万分之一深海世界进行的生物多样性调查中，就显示出海底可能有高达1 000万种生命存在，分属于各种独特的深海生态系统——热液出口、冷液出口、海山、海底峡谷、深海平原、海洋对流层和沥青火山等。

深海生物1

深海生物2

不过迄今为止，科学家在深海区域调查到的物种中，还只鉴定了17 650种，包括虾类、珊瑚、星鱼、蟹类等。其他物种人类从未见识过，如在亚特兰大东南部海底收集到的680个细小的甲壳动物样本中，只辨识出了其中的7个。在南极深海采集的674种等脚类生

深海生物3

深海生物4

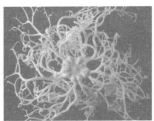

深海生物5　　　　　　　深海生物6　　　　　　　深海生物7

物样本，包括长达两米的蠕虫，80%以上的物种人类从未见过。对有些未知的物种科学家不得不临时取名，例如在美国加利福尼亚州蒙特里湾死亡鲸鱼的骨骼里发现的两种人类从未见过的怪虫，它们没有眼睛、没有胃，甚至连嘴巴都没有，科学家将之认定为新种，命名为"食骨虫"。在深海热液喷口区发现的500种左右的动物，竟然不需像陆地生物那样直接或间接靠阳光和光合作用获得能量，也不用消化系统，而是依赖对大多数其他动物都是致命的物质——硫化氢维持生活，我们不妨暂且称它们为"享臭虫"，因为硫化氢是一种恶臭的化合物。这些数不胜数的怪物说明，海底是生物多样性的宝库。

　　深海海底生物处于独特的物理、化学和生态环境中，尤其热液喷口区的生物在高压、剧变的温度梯度和高浓度的有毒物质包围下，形成了极为独特的生物结构、代谢机制，体内产生了特殊的生物活性物质，例如嗜碱、耐压、嗜热、嗜冷、抗毒的各种极端酶。这些特殊的生物活性物质功能各异，是深海海底生物资源中最具应用价值的部分，可能在未来的工业、医药、环保等领域发挥重要作用，扮演像野生水稻或橡胶树那样的角色。

　　比如，石油一直是工业社会高速运转的"血液"，石油的勘探与开采既费时又费力，前不久我国渤海湾石油钻井平台就出现了严重的漏油事故，污染了海洋生态环境。现在发现深海就有一种可喷射石油的管虫，它生活在墨西哥湾海平面下990米深处，以海底石油为食物。在深潜器机械臂从海床的坑洞中捕获它们时，它们竟能向外喷出石油。说不定哪天科学家就能开发出干净环保的"海上管虫石油开采平台"。

城市的下水道，有机垃圾浸泡在水中，会产生大量有毒的硫化氢毒气，散发恶臭气体。下水道一旦发生阻塞，其硫化氢积累越多，臭气越大，常常给进入下水道工作的环卫工人带来生命危险。前面说到的"享臭虫"，说不定哪天就被科学家改造成清理下水道恶臭的"工人"。

科学家为了治愈疟疾，挽救几百万病人的生命，保护数亿人的健康，曾筛查过大量的传统药物，后我国药学家屠呦呦在植物青蒿叶中提取到了抗疟疾新药——青蒿素。然而，科学家至今也没有找到可治愈肿瘤顽疾的灵丹妙药，他们几乎对世界各国的陆生草药筛了个遍，也没找到根治的药物。现在科学家们正在向海洋生物进发，期望能在这些海底怪物身上找到抗癌药物。从生命科学的角度看，海洋无疑是天然而又庞大的生物基因库，有着难以估量的生物医药价值。尽管人们无法完全知晓大洋底还存在何种匪夷所思但却价值连城的生物体，但海洋生物基因资源已经凸显出巨大的应用价值，目前人类已经利用的海底生物基因产业，其产值每年都已超过数十亿美元。

目前，深海中到底有多少种生物，人们实际上难以估测，其生物多样性正有待于各种科学手段，包括像我国"蛟龙"号那样的深潜器去探查。研究表明，深海生态系统为地球上其他生物不仅提供了各种"货物"，如生物种群、生物活性分子、油气、矿物等，同时还提供了"服务"，如气候调节、营养物更新、食物提供等。深海生物多样性对于地球生物圈的可持续机能和人类的生存与发展都极为重要。

在深海中，阳光已经很难穿透海水照耀到那里，那里也许是一片漆黑，也许会有一些星星点点的发光生物，这对人类来说是一个陌生而遥远的世界，和我们的生活关系看起来不是很大，科学家们为什么要研究那里的生物种群？它们真的和我们没有多大关系吗？你能举出一些例子来说明深海生物与人类的关系吗？

30 等离子体法力无边

　　如果随便问哪个人：物质有哪几种表现形态？他可能会不假思索地回答：三种，固态、液态和气体。很遗憾，回答错了。现已知道，自然界中的物质除了常见的固态、液态、气态外，还有等离子态（体）、玻爱凝聚态和费米冷凝态共六种形态。

　　在自然界中，当电流通过某些流体（包括气体和液体）时，流体的某些粒子便被"电离"（即电子离开原子核的意思），这样电离和未电离的各种微粒子混在一起，便形成等离子体。它们既看不见又摸不着，所以许多人对等离子体都觉得很陌生。

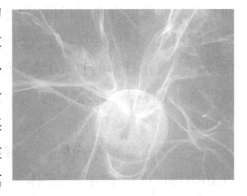

　　事实上，等离子体有天然的也有人造的。天然的等离子体大多形成和存在于地球的高空和外太空中，如天空被雷电离的饱含水汽的空气云团、太阳和其他某些恒星的表面高温气层，都存在着大量的等离子体。而诸如等离子体显示器（用于电脑、电视等）、较高温度的火焰和电弧中的高温部分，则属于人造的等离子体。

　　在等离子体中，构成原子的原子核与电子七零八落，气体自身会辐射出光或紫外线等电磁波。由于电磁力起主要作用，使得原本普通的物质内部出现新的运动形态，比如电子、离子的集体振荡，致使它发挥出常人想象不出的神奇威力。

例如在海湾战争中，美国投入使用的隐形飞机采用等离子体材料后具有屏蔽效应，使雷达无法探测到它的踪迹。再如飞机、导弹采用了等离子体技术后可以减少飞行阻力30%以上，大大提高了飞机、导弹的飞行速度和机动性能。另据报道，俄罗斯正在开发一种新型的等离子武器，它能通过大气层电离所产生的高温高能量，形成一个能量巨大的等离子态大气环境，并将在该环境空中飞行的飞机、导弹和航天器击毁。

除了在军事上应用外，等离子体在民用上也大有可为。例如在可控核聚变发电方面，在超高压和超强磁力的约束下，等离子体技术能够用氢的同位素氘对受控的热核聚变反应予以控制，进行原子能发电。现在日本的JT-60装置已通过给超导体线圈供电创造了人造等高离子体温度5.2亿K的最高纪录，完全能满足实现热核聚变反应所必需的高温高压条件。今后的课题是提高高温等离子体的密度。

除上述高温等离子体外，还有低温等离子体，这通常是指温度在10万摄氏度以下的等离子体。拿身边的例子来说，荧光灯的光就是等离子体——进入灯管里面的氖等稀有气体，通过电气电离使之等离子体化。

自然界的雷鸣电闪或球状闪电、极光等，也都是大气中等离子体造成的，即通过等离子体发光。比方说"球状闪电"吧，日本早稻田大学一教授不仅从理论上证明，而且用微波的高频——人工产生球状闪电的实验进行过验证。他认为，如果让指向性高的电磁波交叉，则会在其交点能量集中之处产生等离子体；如果改变电磁波方向，同时还移动交点，那么发生的等离子体就会飞翔起来，并随着气流的起伏在近地空中自由飘飞，即使下雨、刮台风，它的行动也不会受影响，甚至能逆风而行。其飞行速度理论上是从零开始直至突破光速。

众所周知，生物或飞机绝对不可能有任意突然加速、紧急起飞、窄角转弯等飞行方式，而球状闪电则不然，连瞬间移动都能轻松完成。另外，它一个分裂成两个自不待言，还能够使多个合成一个，而且发生的场所不限于空气中、水中、地下或物质中，甚至在真空中也能发生。

再者，如同传说中穿墙而过的幽灵那样，等离子体也能自由穿越障碍物。1981年初的一天，前苏联一架客机在黑海附近遭遇球状闪电，一个大火球闯入驾驶舱，发出爆炸声，几秒钟后又穿过密封的金属舱壁出现在客舱里，喜剧性地表演了一番后，它又悄然离开飞机。事后检查，机头和机尾的金属壁各出现一个窟窿，但客舱内壁完好无损。

更值得指出的是，在焊接技术方面，过去即使用等离子体焊接也有困难，如同样是金属的钢铁与铝的焊接，金属与玻璃、纸、塑料等其他物质的焊接几乎是不可能的。这是焊接业界的共识。

但是，最近这个共识被打破了，东京大学开发了一项新的焊接技术，即在等离子体状态下，能将金刚钻与金属等完全不同的物质焊接起来。由此一来，作为装饰品，戒指与宝石不用黏结剂就牢牢地被焊接在一起了。不单是金属，即便是纸与玻璃杯，也能黏接在一起。此外，松下电器与熊本大学共同开发了一项通过等离子体放电剥下镀层的技术，用该技术能出色地剥离金属与塑料。

为什么等离子体能够将金属与非金属，甚至纸和玻璃等焊接在一起呢？这是物质表面通过等离子体会变得凹凸不平、粗糙的缘

故。简单地说，就是让物质的表面起毛，通过凹凸不平之间的咬合提高了紧密结合性。

随着等离子体技术的不断发展、更加广泛的应用，等离子体这种看不见摸不着的物质第四态，将会露出"庐山真面目"，被越来越多的人所认识和运用。

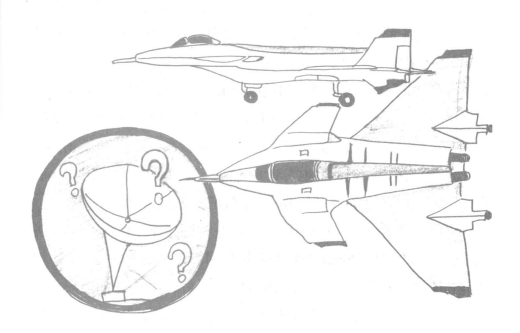

在人的肉眼看来，物体只有固体、液体和气体三种形态，然而在科学家的研究中，人们发现了物体存在的其他形态。对等离子态的研究成果也许超出了一般人的想象，但这也许还远远没有穷尽等离子态的奥秘，如果你对此感兴趣的话，将来也可能在这个领域有很多惊人的发现和发明。

本书在编辑过程中，参阅了不少当代著述与期刊，撷取了很多珍贵的精神食粮，为读者打开了一片晴空，作者那充满智慧的文字定会在与读者的心灵碰撞中迸发闪光。

由于各种原因，未能及时与本书有些作品的作者、编者取得联系。本着对书稿质量的追求，又不忍将美文割爱，故冒昧地将文章选录书中。鉴于此，还请作者诸君谅解为盼，并请作者及时与编者联系，支取为您留备的稿酬。谢谢！

编 者